60分 ビジネス教養

図解と事例でわかる

Web3

基礎から学ぶ「新しい経済」のしくみ

白辺 陽・著

60 Minutes Best Guide of Liberal Arts for Businesspeople
[Web3 : New Economy Systems]

SB Creative

本書に関するお問い合わせ

この度は小社書籍をご購入いただき誠にありがとうございます。小社では本書の内容に関するご質問を受け付けております。本書を読み進めていただきます中でご不明な箇所がございましたらお問い合わせください。なお、ご質問の前に小社 Web サイトで「正誤表」をご確認ください。最新の正誤情報を下記の Web ページに掲載しております。

本書サポートページ
https://isbn2.sbcr.jp/18889/

上記ページのサポート情報にある「正誤情報」のリンクをクリックしてください。なお、正誤情報がない場合、リンクは用意されていません。

ご質問送付先

ご質問については下記のいずれかの方法をご利用ください。

▶ Web ページより
上記のサポートページ内にある「お問い合わせ」をクリックしていただくと、メールフォームが開きます。要綱に従ってご質問をご記入の上、送信してください。

▶郵送
郵送の場合は下記までお願いいたします。

〒 106-0032　東京都港区六本木 2-4-5
SB クリエイティブ　読者サポート係

はじめに

Web3という言葉が、バズワード的に流行り始めています。

この言葉が提唱されたのは、2014年のことです。その後、2020年、2021年とこの言葉が広まっていき、2021年の後半あたりから使用頻度が一気に伸びてきているように思います。

バズワードは、この業界の風物詩であり、新陳代謝の証です。

では、この見慣れないWeb3という言葉は、何を表しているのでしょうか。

Web3という新しい技術が生まれたわけではありません。仮想通貨（暗号資産）に代表されるブロックチェーンという技術が、十数年をかけて着実に進化してきました。**そのブロックチェーン技術が生み出すサービスを総称**してWeb3と呼んでいます。

ブロックチェーン技術の進化と応用は凄まじいです。ブロックチェーン技術とは、簡単に説明すると、暗号化された情報のブロックが鎖（チェーン）のように次々と連なる仕組みです。情報の改ざんに強いことが特徴で、初期にはビットコインのように通貨としての役割を担うことで注目されていました。この技術を応用した様々なサービスが登場し、最近では、**DeFi**（分散型金融）、**NFT**（取引履歴を保証するデジタル技術）、**メタバース**（三次元仮想世界での交流）、**GameFi**（ゲームの中で収入を得る仕組み）、といった様々な形態で圧倒的な成功モデルを生み出し、多くの投資家たちが巨額の資金を投じています。

さながら、ネズミのように小さかった哺乳類の先祖が、様々な環境を生き抜いて巨大な象、ハイスピードのチーター、空を飛ぶムササビ、海で暮らすイルカなど、全く異なる生き物に進化して、それぞれが脈々と繁栄を続けているような状況です。

そして、これらのDeFi、NFT、メタバース、GameFiといった**新しいサービスを総称して、Web3というキーワードが生まれた**のです。

本書では、これらの新しいサービスの1つ1つについてその実態を、事例を交えて説明します。

今まで、決済などの取引においては、それを実行する取引相手や、仲介する人・企業の信頼が重要でした。

しかし、ブロックチェーンやそれを応用したスマートコントラクトなどの技術により、そのような取引をプログラムが確実に自動で実行する仕組みが、歴史上初めて現実的になりました。本書で詳述しますが、ごく少額の決済から多額の決済までを、ほとんど手数料がかからない形で確実に自動実行できるのです。

だからこそ、その仕組みを活用して、**報酬を与えるシステムを細かく組み上げ、新たなビジネスモデルやエコシステム（生態系）を作ることができる**ようになったのです。Web3が世界を変える技術と言われている本質は、ここにあります。

バズワードを作り出すことが大好きなIT・ウェブ業界ですが、**Web3というキーワードには大きなポテンシャル**を感じます。なぜなら、この言葉が旗印となることで、今までのサービスが再注目されるとともに、新たなヒト、モノ、カネを呼び込んで、さらに大きな渦を作り出す可能性があるからです。

これからWeb3というキーワードが現実世界をどう変えていくのか、様々な具体事例をご紹介しながら解説していきます。

本書は、完全初心者の方でも60分でWeb3についてのビジネス教養が身につくことを目指しています。

とはいえ、**説明する内容は本格的**です。「ブロックチェーンは分散化された台帳を共有するものです」のような比喩だけの説明では、ブロックチェーン技術の発展の歴史、Web3の多様性について理解することができません。どのような技術で構成されていて、どういうブレークスルーがあったのか、その真髄を極力分かりやすくお伝えできるように工夫を凝らしました。

もちろん、専門用語も多数扱いますが、それらを既知のものとして説明するのではなく、初出時には技術的背景の説明を加え、事例等もふんだんに紹介します。読者の方が大枠のイメージを持てるように解説するとともに、さらに詳細を知りたい方へは有用なドキュメントも紹介しています。

また、これらの技術やビジネスを進展させた人物自体にもフォーカスを当て、数々の天才が織りなすヒューマン・ドラマもコラムとして入れ込んでいます。

既に知っている部分についてはページを読み飛ばしながら、ご興味がある部分を中心に読んでいただければと思います。

白辺 陽

◎用語について

Web3という表現自体も、まだ明確に定まってはいません。Web3.0という呼び方をされることも多いです。特に日本では、過去にWeb2.0という言葉がバズったこともあり、Web3.0という呼び方が多く見られます。海外でも両表現が混在していますが、最近ではWeb3という呼び方が比較的多いようです。

本書では、Web3という言葉を使うことにしました。

Contents

Part 0

Introduction

01 Web3とは
02 Web3についての様々な定義
03 本書の構成

01 Web3とは

Web3という言葉は、ウェブの進化を表した言葉です。この言葉の定義は各人各様ではありますが、ここでは、Web3という言葉が基本的に何を指しているのかを説明します。

KEYWORD

- Web3
- ブロックチェーン
- 分散管理

ウェブの進化の特徴

Web1.0、Web2.0を踏まえてWeb3が登場しました。非常に大まかに分類すると、この3つの用語は、このような特徴を持っています。

ウェブの状況を表す用語と時期

用語	時期	起こったこと
Web1.0	1995年頃〜	インターネットの普及
Web2.0	2005年頃〜	ブログやSNSの普及
Web3（Web3.0）	2020年頃〜	ブロックチェーン技術の普及

Web1.0：インターネットの普及

インターネットが一般的に世間に知られるようになったのは、1995年頃でした。この年にWindows 95が発売され、ISP（Internet Service Provider：インターネットに接続するためのプロバイダー）のサービスも数多く提供されるようになり、インターネット普及への弾みがつきました。個人も企業もウェブサイトを開設したり、電子メールを使ったりすることが一般化していった時代です。

もちろん、当時はWeb1.0という呼び方はありませんでした。このあと2005年ごろにWeb2.0という用語が登場した後に、対比的にこの時代のウェブをこのような名前で呼ぶようになったという経緯があります。

Web2.0：ブログやSNSの普及

Web1.0の登場から約10年を経て、Web2.0という言葉が一世を風靡しました。

インターネットの普及後、ほとんどの一般ユーザーは情報の受け手（見るだけ）でしかありませんでしたが、この時代になるとユーザー自身が情報の発信者へと変わっていきました。当時生まれたサービスの代表的なものが、ブログ（ウェブでの日記的な情報発信）やSNS（Facebook、mixi等のソーシャル・ネットワーキング・サービス）です。また、Amazonなどの通販サイトの商品ページでのユーザーによる評価、YouTube等の動画サービスへのコメント等、ユーザー自身が生み出す情報に大きな価値があると分かり、そういった情報をうまく取り込んだサービスが躍進しました。

一方で、GAFAM（Google、Amazon、Facebook[注1]、Apple、Microsoftの頭文字を集めています）と呼ばれるビッグ・テックに代表されるように、特定の大企業に膨大な情報が集まる形となり、これらの企業が巨額の利益を上げるという構造が生まれました。また、これらの企業が個人情報を含めて大量の情報を集めることに対して、**影響力の大きさやプライバシーの観点等からの懸念**も大きくなりました。

注1：現在のMeta

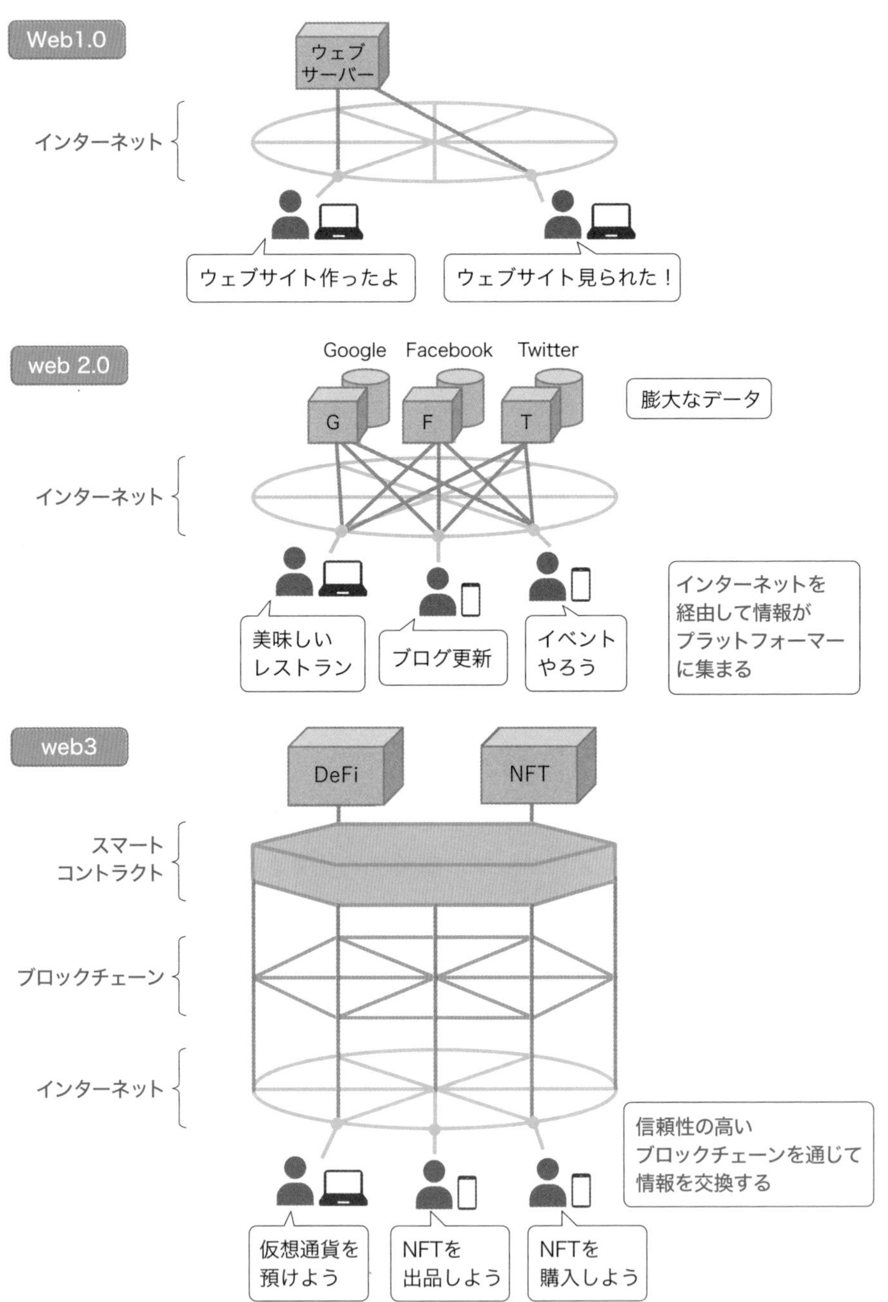

Web1.0、Web2.0、Web3の違い

Web3：ブロックチェーン技術の普及

このWeb2.0時代の構造を変え、中心に巨大企業がいなくても個人が自由に活動できるようにするのが、今広まろうとしている、ブロックチェーン技術を基礎とする**Web3**なのです。

Web3は2020年頃から始まったと紹介しましたが、ブロックチェーン技術自体が登場したのは、もっと前のことです。はじまりは**ビットコイン**の誕生です。ビットコインの創始者であると言われているサトシ・ナカモトが、インターネットにビットコインの基本原理についての論文を公開したのが2008年10月のことでした。2009年から実際にビットコインの運用が開始され、2013年頃には様々な分野で仮想通貨として利用されるようになりました。

このビットコインの仕組みの根幹にあるのが、**ブロックチェーン**技術です。この技術を使うと取引内容の改ざんが実質的に不可能になるため、管理する企業がいなくても、信頼性の高い取引が実現できるのです。

その後、イーサリアムという画期的なプラットフォームが発明されました。ブロックチェーン技術をベースとして、金融取引等の様々なルールを自由にプログラミングできるスマートコントラクトという仕組みを持っているのです。これまでの金融取引では金融機関等の企業が仲介して取引内容を保証するというのが常識でしたが、企業等が管理・仲介しなくても**プログラムを自動実行させることで取引を確実に行えるサービス**を作り出せるようになったのです。

2018年頃から、このスマートコントラクトを応用した具体的なサービスが徐々に登場しました。DeFi（ディーファイ）（分散型金融）やNFT（非代替性トークン）が代表選手です。

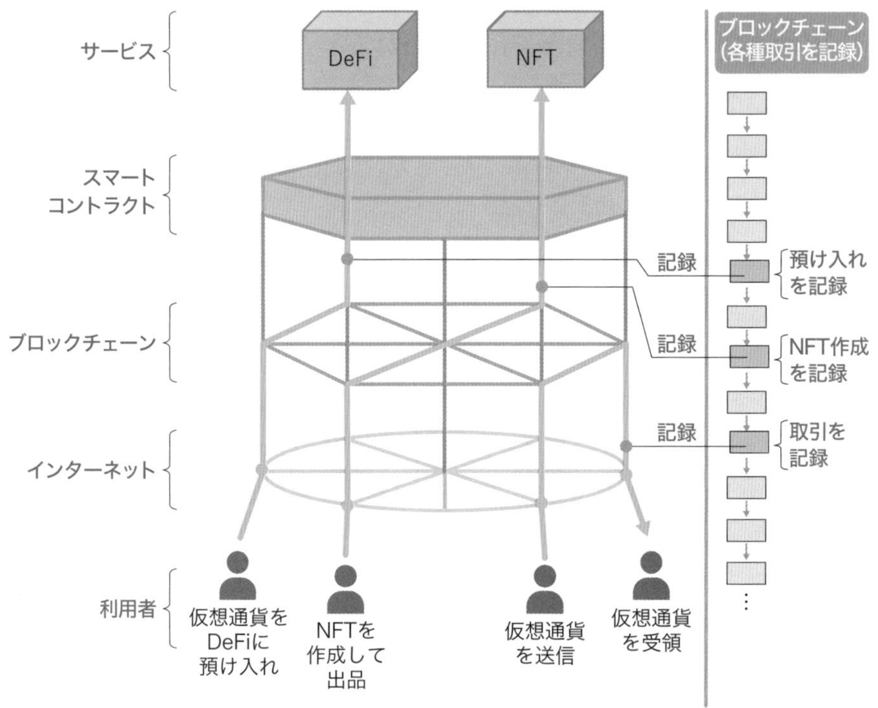

Web3のサービスでは全ての取引内容がブロックチェーンに自動記録されるので、非常に信頼性の高い取引が実現している

そして、これらのサービスでは、多くの人から信頼されたプログラム(アルゴリズム)が自動実行されるので、GAFAMのようなビッグ・テックが管理しなくても、十分に信頼性が高い取引が可能になっています。管理者がいない代わりに、そのサービスへの出資者が意思決定を行い、サービスの機能追加や利益分配方法の変更等を行います。このような仕組みがDAO(分散型自立組織)と呼ばれるものです。

こういった特徴があるため、Web3には**「中央集権から分散管理」という変革**を起こすことが期待されています。また、個人情報の管理を企業等に委ねるのではなく自分自身でするようになることで、プライバシー等の問題についても解消されることが期待されています。

そして、2020年頃から、Web3というキーワードの認知が進み、様々な企業や個人がこの言葉を使うようになってきました。

02 Web3についての様々な定義

前セクションでは、ざっと概況を説明しましたが、Web3の定義には様々なものがあるので、いくつかの有名な例を見てみましょう。ここでは、Wikipediaでの定義と、グレイスケール社が公開したレポートにおける定義を紹介します。

KEYWORD

- Web3
- 分散化
- トークン

Wikipediaでの定義

Web3という言葉は、既にWikipediaでも定義が掲載されています。

> Web3（ウェブスリー）とは、次世代のワールド・ワイド・ウェブとして提唱されている概念である。分散化・ブロックチェーン・トークンベース経済などの要素が取り入れられており、一部の技術者やジャーナリストは、「ビッグ・テック」と呼ばれる大手IT企業にデータやコンテンツが集中しているとされるWeb 2.0とこれを対比させている。「Web3」という用語は、2014年にイーサリアムの共同設立者であるギャビン・ウッドによって作られ、2021年に暗号通貨愛好家や大手IT企業、およびベンチャーキャピタルなどから関心を集めた。Web 3.0とも呼ばれる。

https://ja.wikipedia.org/wiki/Web3（2022年12月時点）

Wikipediaでの定義では、「**分散化**」、「**ブロックチェーン**」、「**トークンベース**」という重要なキーワードが使われています。

「トークンベース」については少し分かりにくい言葉なので補足しておくと、ブロックチェーン技術をベースとして作られた「仮想通貨的な電子データ」をトークンと呼んでいます。もちろん、様々な仮想通貨そのものにも使われますが、ガバナンストークンという選挙権のようなものにも使われますし、NFT（非代替性トークン）にも名前のとおりトークンの技術が使われています。有償、無償を問わず、様々な権利関係について、ブロックチェーン技術を使って技術的に保証するものがトークンであると考えてください。

また、Wikipediaでの定義の中に、**ギャビン・ウッド**（Gavin Wood）がこの言葉を作ったとあります。ギャビン・ウッド氏は、イーサリアムの共同創設者でもありますし、Web3 Foundationという Web3を推進する団体の創設者でもあります（コラムP.161）。

グレイスケール社のレポートにおける定義

グレイスケール社が2021年11月に公開したレポートは、多くの人により、Web3について語るときに引用されています。Web3を知る上では外せないレポートといえるでしょう。

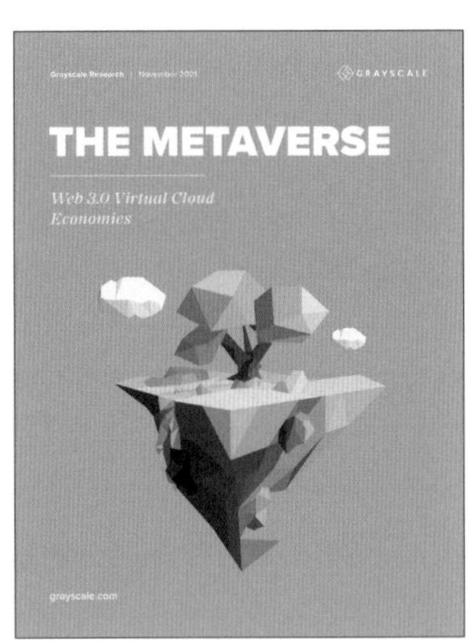

グレイスケール社によるレポート「THE METAVERSE」。同社ウェブサイトで公開されている。

https://grayscale.com/wp-content/uploads/2021/11/Grayscale_Metaverse_Report_Nov2021.pdf

このレポートは英語で書かれていますが、簡潔にわかりやすい表現を使っているので、Web3を知るために初めて読むレポートとして優れています。

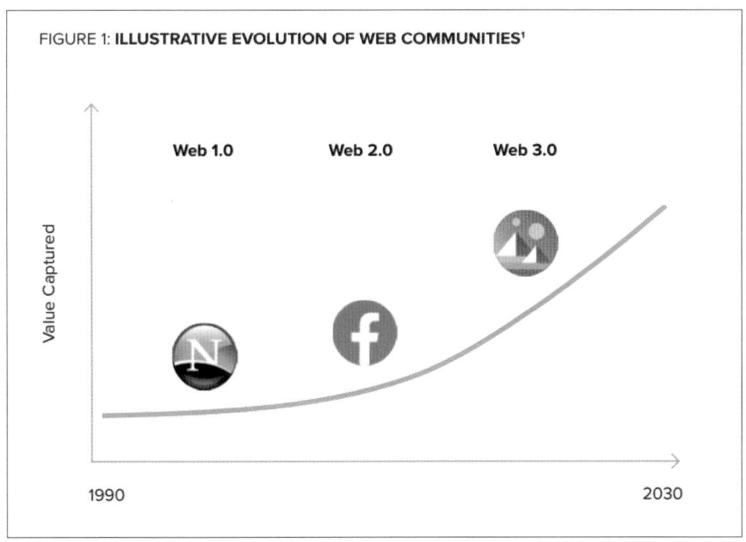

Web1.0、Web2.0、Web3のサービスの代表例

https://grayscale.com/wp-content/uploads/2021/11/Grayscale_Metaverse_Report_Nov2021.pdf

ウェブの状況を表す用語とそれぞれの違い

用語	起こったこと
Web1.0	Netscapeが、私たちをオンラインにつなげた
Web2.0	Facebookが、私たちをオンラインコミュニティにつなげた
Web3.0	Decentralandが、私たちをコミュニティ所有の仮想世界につなげた

グレイスケール社のレポートより

代表例的なサービス名を挙げて3つの用語の違いを端的に言い切っているので、とても分かりやすいですね。

▶ Web1.0：Netscape

Netscapeは、インターネット草創期のウェブブラウザです。1990年代に初期のウェブサイトに触れた人は、インターネットにアクセスするときにNetscapeを使うことが一般的でした。少数の人がウェブサイトを作り、それを見る多数の人に向けて情報を発信することが普及しました。

▶ Web2.0 : Facebook

Facebookは、世界中に普及したSNS（ソーシャル・ネットワーキング・サービス）です。個人間の相互の情報交流が盛んになりました。

▶ Web3 : Decentraland

Decentralandは、仮想空間（メタバース）の中で個人間の情報交流ができるサービスです。ブロックチェーン技術を活用しており、仮想通貨やNFT等も組み込まれています。また、Decentralandの運営方針自体にもDAOという形で、関わることができます（P.83）。

同じグレイスケール社のレポートの中では、ウェブの進化を観点別に分類した表も掲載されています。

内容的に非常に分かりやすく、多くの記事で引用されています。特に、1行目の比較が、端的に特徴を表していると言えるでしょう。

FIGURE 2: **ILLUSTRATIVE KEY FEATURES OF WEB 1.0, 2.0 & 3.0**[2]

	Web 1.0	Web 2.0	Web 3.0
Interact	Read	Read-Write	Read-Write-Own
Medium	Static Text	Interactive Content	Virtual Economies
Organization	Companies	Platforms	Networks
Infrastructure	Personal Computers	Cloud & Mobile	Blockchain Cloud
Control	Decentralized	Centralized	Decentralized

Web1.0、Web2.0、Web3の比較

https://grayscale.com/wp-content/uploads/2021/11/Grayscale_Metaverse_Report_Nov2021.pdf

1行目にある比較の抜粋

用語	できるようになったこと
Web1.0	Read
Web2.0	Read - Write
Web3.0	Read - Write - Own

Web1.0では一方向的に発信された情報を読む（**Read**）ことが中心でしたが、Web2.0ではブログやSNSを使ってユーザー自身も情報発信（**Write**）する世界に変わりました。

Web3では、所有する（**Own**）という観点が加わります。先ほど紹介したDAOも、まさに所有するという形態です。保有するトークンの比率等に応じて議決権を持ち、その議決結果に沿って自律的に運営されています。

Web2.0の時代は、ブログやSNSに一生懸命書き込んだとしても、そこから生まれる利益の大半はプラットフォーム企業、つまりGAFAMに吸い取られていました。Web3では、ユーザーも自身が貢献するサービスの一部分を所有することになるので、そこから対価を得られるという仕組みに変わっていくことが想定されています。

Web3という言葉の提唱者

Web3という言葉の提唱者であるギャビン・ウッド氏自身が、Web3についてどのようなことを語っていたのか、実際に見てみましょう。

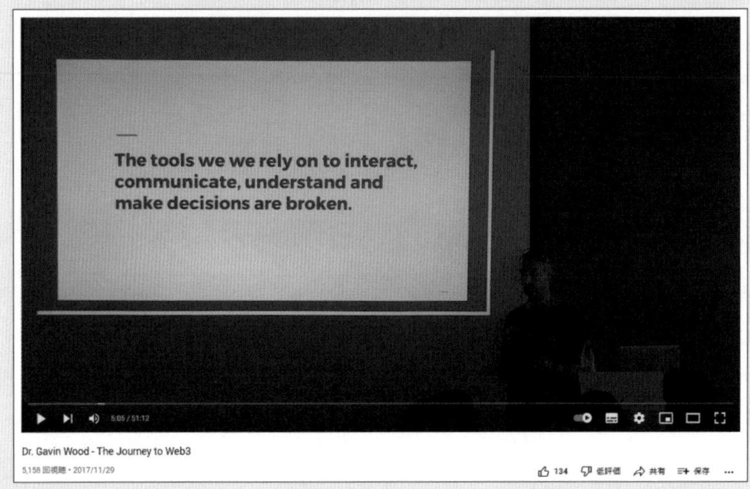

ギャビン・ウッド氏によるWeb3についてのプレゼンテーション動画
https://www.youtube.com/watch?v=IH1pEE0W3ug

2017年時点の動画ですが、ギャビン・ウッド氏がWeb3について説明しているプレゼンテーションがYouTubeに公開されています（英語）。

この言葉の提唱者本人がどのようなことを考えていたのかが分かる、とても興味深い内容です。50分もある動画ですが、要点を引用します。

少し難しい言葉も入っていますが、細かな意味は現時点では置いておいて、雰囲気をつかんでください。分かりやすくするため、筆者が意訳した部分もあります。

- スノーデンがCIAの秘密を暴露した有名な事件のように、重要なデータを管理するには今やインターネットは不可欠にもかかわらず、これらのツール（私たちが相互に情報を交換し意思決定するツール）は壊れている。
- 私たちは、人、組織、政府、企業等の取引で信頼を重視するが、時間が経ち物事が不透明になる中で、「**見当違いの信頼**（misplaced faith）」が増えている。残念なことに、私たちが信頼しなければならない人々は、私たちのツールを壊そうとしている人々と同じであることが多く、それが悪循環につながっている。

- 今、テクノロジーがパワーの集中を促進している。しかし、パワーを集中させすぎると、それはシステムの構造的な破壊につながる。このようなシステムを安定させる方法は1つしかない。それは、**中央からパワーを散らしてしまう**（dissipate）ことだ。
- 例えば、Facebookで何億ドルもの価値がある取引や契約を結ぼうとは思わないだろう。そのためには、法律事務所に行って、約束が守られると確信できる契約書を作成してもらうだろう。
- しかし、Web3では経済的に強い保証と強いシグナルを提供して、ユーザーが大規模かつマルチに参加、取引できるようにするのだ。
- 今までのウェブでは、例えばデータ保護法など管理者が負うべき責任がたくさんあるが、それはビジネスの主目的とは異なっていた。Web3では、実際にビジネスで達成したいことと、やりたくないことを分けて考えることができる。
- 経済取引をするときに、今までは自分自身が何者であるかを証明することが非常に重要であった。例えばHTTPや認証サービスの仕組みでは、信頼されているルート・オーソリティからツリーを下っていくという仕組みを持っているが、これは完全に中央集権で一方向的な仕組みだった。
- 一方、Web3では、**自分が何者であるかを証明する必要はなく、「他者が何をすれば、その代わりに自分が何をするか」をコミットするだけでよい。**自分の取引意思（intention）を示すことが、取引において非常に重要な役割を果たしている。
- Web3はオープンで、拡張性があり、**将来を約束するもの**（future proof）であることが特徴だ。このプラットフォームのポイントは、全ての人に全てを提供する閉鎖的なショップになることではなく、それぞれが特定の目的を果たすプロトコル（通信手順）のオープンなグループであり、そこから選んで使うことができることだ。
- 例えるならば、Chromeブラウザで、誰でも好きなウェブサイトにアクセスできるのと同じような状況だ。

- Web3は、ウェブアプリケーションを構築する新しい方法でもある。ここでは、サービス提供者と利用者という区分けはない。例えば、ソーラーパネル等から発電して売電できるように、エネルギーをグリッドに供給したり、グリッドからエネルギーを放出したりするという仕組みにも似ている。
- Web3は何よりもアイデアであり、一人の人間でも会社でもソフトウェアでもない。オープンなガバナンス構造を持ち、拡張性があり、他のソフトウェアと一緒に使えるようにフレームワークに適合していることが特徴だ。

さらに要旨をまとめるならば、**Web2.0時代での大規模企業によるパワー集中が現代社会に様々なひずみをもたらしている**ことを痛烈に批判し、その具体的解決策としてWeb3というテクノロジーの力を使って、**巨大企業による信用社会を必要としない分散型管理の社会を提案している**というところでしょうか。

様々な表現を駆使して説明していますが、Web3の本質部分を的確に表しているように思います。さすが、Web3という言葉の提唱者のプレゼンテーションです。

なお、「自分が何者であるかを証明する必要がなく」という部分について、少し補足します。

ブロックチェーン技術を使った純粋な取引では、基本的にユーザー登録や本人確認というものがありません。仮想通貨を格納したウォレットと呼ばれるソフトウェアを接続し、取引意思を示せば、取引が確実に実行されるのです。クレジットカードのように利用者の本人確認と信用に基づいて取引をするのではなく、必要な仮想通貨を保有しているという事実のみで取引ができるということです。

このことは大きなメリットでもありますが、デメリットでもあります。マネーロンダリング等の不正行為の温床になりかねないためです。

このあたりの規制については今もイタチごっこが続いていますが、現時点での状況をChapter 7で簡単に解説します。

03 本書の構成

本書では、複雑な歴史の中で様々に進化したWeb3について、具体的な技術とサービスから順に説明します。

・本書の構成

Part 1では、Web3が具体的にどんなものなのかをご理解いただけるように、Web3を代表するサービスであるDeFi、NFT、メタバース、GameFiの内容を説明します。

Part 2では、Web3の各サービスの土台となっているブロックチェーン技術について基本的な仕組みや原理を説明した上で、これらの技術の先進的な応用例を紹介します。また、各国での規制の状況についても説明します。

Part 3では、Web3の将来に向けた展望をまとめています。

▶ Part 1 Web3の構成要素

Chapter 1　DeFi（分散型金融）

レンディング、DEX等の新たな金融サービスの実像を紹介します。

Chapter 2　NFT

NFTの技術概要、世の中を賑わせた有名事例等を紹介します。

Chapter 3　メタバース

メタバースの概要、特にブロックチェーンに関係する事例等を紹介します。

Chapter 4　GameFi

Play to Earn（ゲームで稼ぐ）という内容を、実例を含めて紹介します。

▶ Part 2 Web3を支えるシステム

Chapter 5　二大仮想通貨と基本原理

ブロックチェーン技術、ビットコイン、イーサリアム等の基本原理を解説します。

Chapter 6　Web3時代の先進的な仮想通貨・サービス

　Web3を特色づける最先端の仮想通貨とサービスの仕組みを紹介します。

Chapter 7　規制についての動き

　Web3への規制について、特に日本と米国での取り組みを紹介します。

▶ Part 3 Web3のこれから

Chapter 8　Web3の可能性

　今までの解説を総括し、Web3のメリットと将来像についてまとめています。

Chapter 1

DeFi（分散型金融）

04 DeFi（分散型金融）とは

DeFiとは、分散型金融（Decentralized Finance）の略称です。

英語ではディーファイに近い発音になりますが、日本語では、ディファイと呼ぶ人とディーファイと呼ぶ人の両方が存在します。

KEYWORD

- DeFi
- 分散型金融
- 仮想通貨
- 自動実行

プログラムで自動実行される金融取引

DeFiの具体的なサービス内容を一言で説明するならば、**仮想通貨自体に埋め込まれたプログラムで完全自動実行される、無人の金融サービス**、というイメージです。

もちろん、従来の銀行も堅牢な情報システム（勘定系システム）を作って、ほぼ全ての取引をプログラムによって処理しています。しかし、利用者から見ると、あくまで銀行という組織自体を信用して入金、送金等の処理を行っているだけです。すなわち、**その銀行の信用がサービスを保証しているわけです。

さらにもし、その銀行が倒産すれば、銀行の情報システムの中に存在しているデータは全く無価値なものになります。つまり、**銀行の情報システムでは、データ自体が価値を持っているわけではなく**、価値を銀行が保証しているわけです。

一方で、仮想通貨では、**そのデータ自体が価値を持っています**。たとえ、仮想通貨を取引した組織が倒産したとしても、仮想通貨自体のデータを保全できていれば価値は失われません。なぜなら、仮想通貨のデータは既に多くの人がそれ自体の価値を認めているので、データさえあれば現金や他の仮想通貨と交換することができるからです。

そして、その仮想通貨のデータと一体的に動作するプログラムによって、様々な金融取引が行えるというのが、**DeFi**なのです。つまり、組織自体への信用によって成立していた従来の銀行とは、全く異なる新たな仕組みとなっています。

DeFiは、かなり複雑なサービスになりますが、本書では、DeFiのサービスの中でも、代表的な2種類(レンディング、DEX)について概略をご説明します。

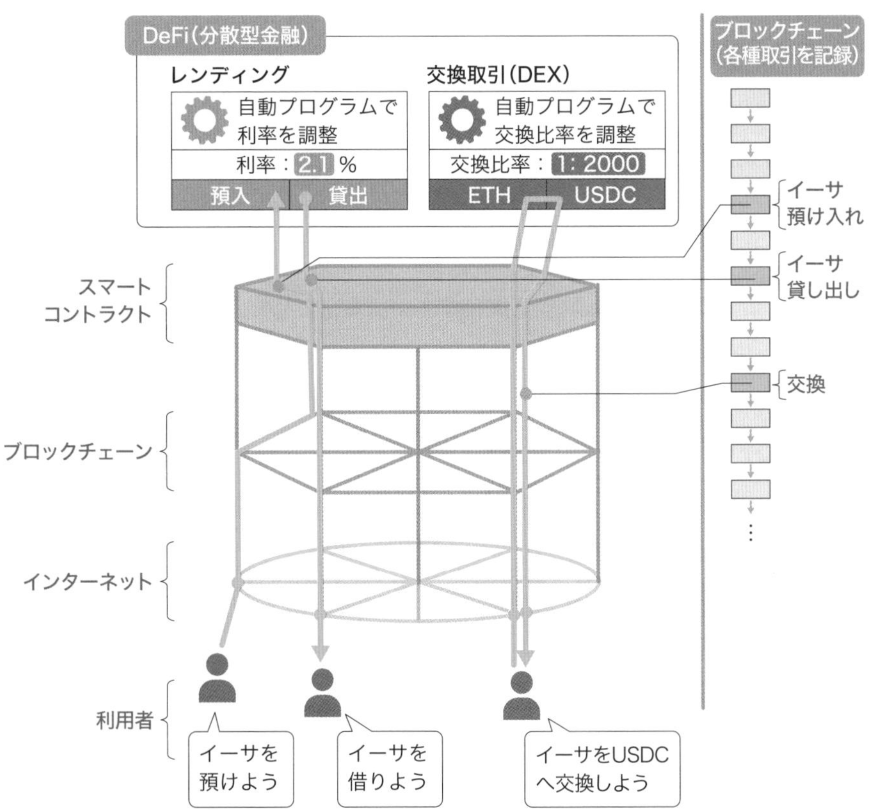

DeFiのサービスで仮想通貨の預け入れ、貸し出し、交換等の処理をすると、プログラムが自動的に取引内容をブロックチェーンに記録する。記録された内容を後から改ざんすることは不可能なので、非常に信頼性の高い仕組みとなっている。

05 レンディングの仕組み

DeFiでは、資金の貸し借りを仲介者（銀行等）なしで取引することができます。

このような貸し借りを行えるサービスを、レンディングプラットフォームと呼んでいます。

KEYWORD

- レンディング
- Compound

仲介者なしで資金の貸し借りができる

従来、一般的に事業を運営するための資金を調達するには、銀行に資金貸付の依頼をしていました。そして、その銀行側は預金者が預けた預金をもとに企業に資金を貸し付け、利子という形で収益を得ているわけです。

ただし、日本では低金利・低成長時代が長く続いているので、銀行側は貸付金利を高くすることができません。銀行は、貸付金利と預金金利の差が利益の源泉なので、預金金利も引き下げざるを得ず、結果として最近では銀行の預金金利がほとんどゼロということが常態化しています。

DeFiでは、この資金の貸し借りを、銀行等の仲介なしで取引することができます。つまり、仲介者のコストが不要となるので、貸し手と借り手の双方にとってメリットが大きくなります。正確には、DeFi側にはプラットフォームとしての取り分が存在しますが、銀行に比べるとコストはかなり低いのが特徴です。

圧倒的な高利率が得られる

レンディングの代表的なサービスが、**Compound**です。

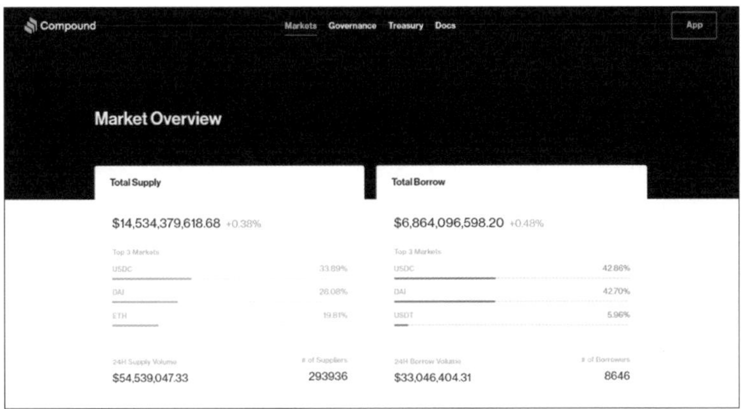

Compoundのウェブサイト

https://compound.finance/markets

レンディングサービスが多くの投資家たち（貸し手）を引き付けている理由は、やはり金利（利率）です。

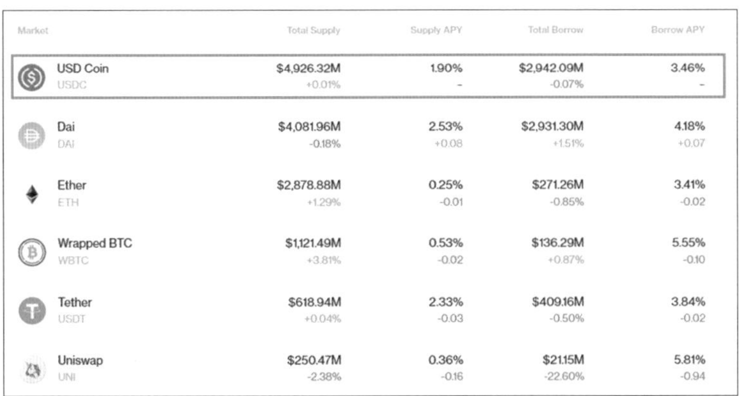

Market	Total Supply	Supply APY	Total Borrow	Borrow APY
USD Coin USDC	$4,926.32M +0.01%	1.90% -	$2,942.09M -0.07%	3.46% -
Dai DAI	$4,081.96M -0.18%	2.53% +0.08	$2,931.30M +1.51%	4.18% +0.07
Ether ETH	$2,878.88M +1.29%	0.25% -0.01	$271.26M -0.85%	3.41% -0.02
Wrapped BTC WBTC	$1,121.49M +3.81%	0.53% -0.02	$136.29M +0.87%	5.55% -0.10
Tether USDT	$618.94M +0.04%	2.33% -0.03	$409.16M -0.50%	3.84% -0.02
Uniswap UNI	$250.47M -2.38%	0.36% -0.16	$21.15M -22.60%	5.81% -0.94

Compoundで取り扱っている仮想通貨とその利率の一例

https://compound.finance/markets

一番上に表示されているUSD Coin（USDC）とは、米ドルと価値が連動するように設計された仮想通貨です。1 USDCが常に1米ドルの価値となるように発行元が調整しているため、**ステーブルコイン**（安定したコイン）と呼ばれます。

このUSD Coinを預け入れると、年利1.9%もの利子[注1]が付くということになります。これは、低金利が続く時代の中で、通常の銀行では絶対に提示できない高い水準です。

一方で、USD Coinを借りるときは、年利3.46%の利子を支払うことになります。

USD Coinは米ドル連動であるため、通貨としての価値が非常に安定していることが特徴です。一方、レンディングプラットフォームには、基軸通貨（日本円や米ドルなど）に連動しない仮想通貨も多数存在します。このような仮想通貨に対しては、さらに高い利率がつくことが多いです。

自動プログラムで利率が動的に変化

実はこの利率は、プログラムによって**自動的に増減**するように設計されています。そしてこのプログラムもスマートコントラクト（P.121）を利用しています。

利率の自動設定は、仮想通貨ごとの使用率に基づいて行われます。その基本的な考え方は、利用者が預け入れる（Compoundが借り入れる）仮想通貨の量が多いほど金利を低くするということです。

そして、**このロジックが公開されていること**が重要です。これにより、市場で何らかの変化が起こって仮想通貨への需給状況が変化した際に、金利がどのように変化するかを誰もが正確に予測することができます。

注1：例示した利率は、2022年1月時点のものです。その後、仮想通貨自体の全体的な価値低下も影響し、利率は下がっている傾向にあります。2022年9月時点では、USDCの預入利率は0.76%、貸出利率は2.29%といった水準になっています。

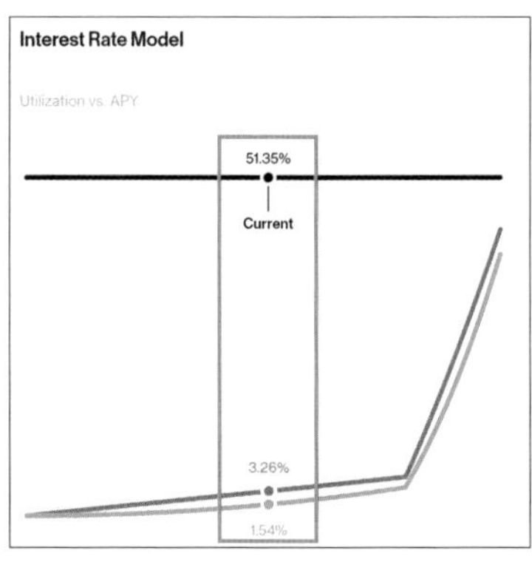

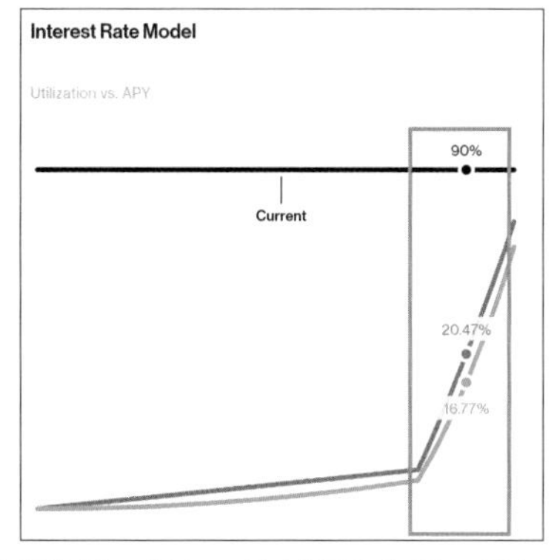

CompoundにおけるUSD Coinの利率設計。緑色の線が預入金利、紫色の線が貸出金利を示している。

この画像撮影時点のUSD Coinの使用率（Utilization）は左図にあるように51.35%です。この時、預入金利は1.54%、貸出金利は3.26%となります。

もし、USD Coinへのニーズが高まり使用率が90%になった際には、右図のように預入金利が16.77%、貸出金利は20.47%にまで高騰します。

借りるには他の仮想通貨による担保が必要

借り手がCompoundで、ある仮想通貨を借り入れる際には、他の仮想通貨での担保を用意する必要があります。その一方で、銀行等での借り入れと異なり、本人の個人情報やクレジットカード等の信用情報は一切不要です。しかし、借りる金額をある程度上回る分の仮想通貨を担保として用意する必要があるのです。

これは、今までの銀行からの借り入れと比べると、とても不思議な仕組みに思えます。例えると、4,000万円を借りるために、6,000万円相当の担保を入れることになるので、とても変な感覚です。自己資金で賄えるようにみえますが、なぜわざわざ借りるのでしょうか。

しかし、仮想通貨の世界では、このような借り手がかなりいるようです。例えば、ある仮想通貨を長期保有しているような人です。保有している理由には、将来値上がりすると予測している場合などがあります。この人にとっては、一定期間この仮想通貨を保有し続けたいという要望があります。そこで、これを担保として他の仮想通貨を借りれば、さらに新たな投資を行えるということになるわけです。

なお、担保として差し入れた仮想通貨は、ロックされて自由に移動することができなくなります。借り入れた仮想通貨を期限内に返済しなかった場合、従来のお金の貸し借りと同様に、この担保を失うことになります。また、ロックされている仮想通貨を元手に、別の仮想通貨を借り入れるということもできません。

このようなロックの仕組みもスマートコントラクトにより組み込まれていますし、その仕組み自体が多くの人に**信頼されている**からこそ、レンディングサービスが成立できるのです。

もちろん、借りた仮想通貨を返せば、いつでもロックを解除することができます。

安心して取引できる理由

DeFiでの預け入れ、貸し出しといった実際の手続きは、全てスマートコントラクトが担っています。すなわち、プログラムで自動処理するので、**一切、人の手を介することがありません。**

取引手順を、一番最初から説明しましょう。

まず、ウォレットという仮想通貨を格納するための「**財布**」をインストールします。MetaMaskという、ウェブブラウザ(Google Chrome)にインストールできるウォレットが有名です。

そして、このウォレットに仮想通貨を格納します。様々な仮想通貨の取引所(Coincheck、bitFlyer、GMOコイン等)がありますので、そこに日本円を入金して仮想通貨を購入し、その仮想通貨を自分のウォレットに移します。

ウォレットに仮想通貨が格納された状態になったら、DeFiサービスのウェブサイトにアクセスし、手続きを指示すれば取引完了です。

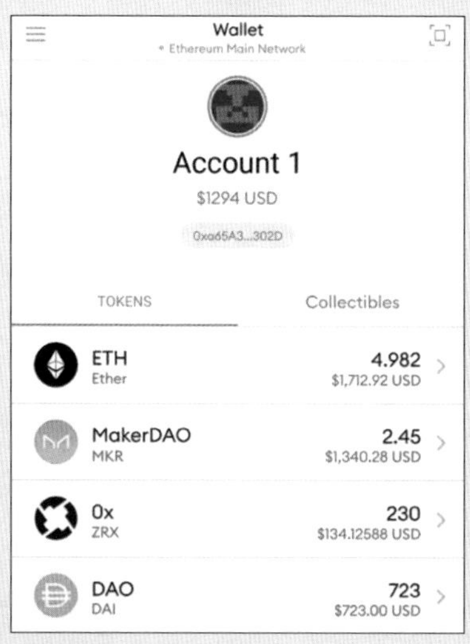

MetaMaskの画面イメージ
https://apps.apple.com/us/app/metamask/id1438144202

DeFiの各サービスでは、数十万円、数百万円規模の取引が日常的に行われていますし、もっと高額の数億円、数十億円といった取引さえ珍しくありません。

でも、ちょっと考えてみてください。ベンチャー企業が立ち上げた無人のATMが街中にあったとして、このATMに大金を預けることができるでしょうか。歴史のある大銀行が設置したATMならまだしも、起業して数年のベンチャー企業が立ち上げたサービスであれば、倒産リスク等を考えると、とても大金を預け入れようとは思えません。

データそのものに価値があるブロックチェーン

では、なぜこれほどにまで、DeFiサービスは信頼されているのでしょうか。

それはDeFiが使っている**ブロックチェーン技術(多くはイーサリアム)の信頼性が非常に高く、盗難や改ざんを許さないということが知れ渡っているから**です。ブロックチェーンに刻まれたデータそのものが価値を持ち、多くの人がその価値を認めているからこそ、安心して預けられる状態になっているのです。

DeFiサービスの運営組織自体に高い信頼があるわけではありません。しかし、DeFiサービスを運営する裏側でスマートコントラクトが利用されているため、個々の取引の履歴が全てブロックチェーンに自動記録されているということが、高い信頼の源泉なのです(P.121)。

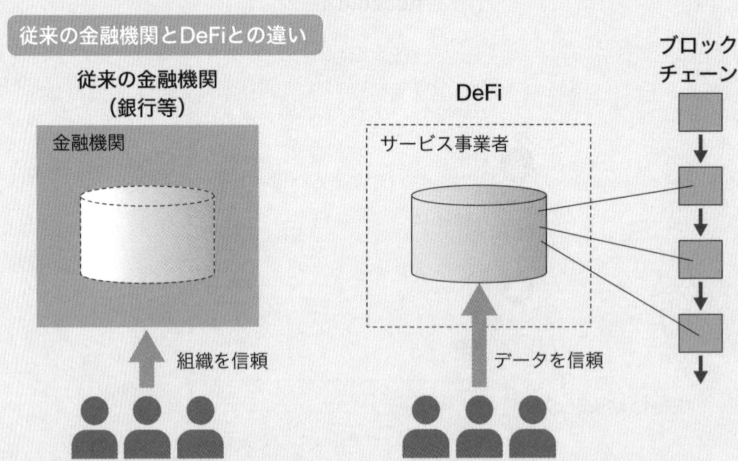

DeFiでは全ての取引がブロックチェーンに自動的に記録されるため、データそのものを信頼して取引を行う。

ここが、銀行預金のデータとは大きく異なる点です。

銀行でもインターネットバンキング等で、振り込みを指示することができます。ただし、この振り込みという指示は、あくまで自分と銀行間での約束事項に過ぎません。

銀行の預金データは、その銀行が存在するからこそ価値がある情報であり、その預金データ自体に世間に認められた価値があるわけではないのです。万一、ある銀行が倒産するようなことになれば、取引は実行されません。他の銀行にお金を振り込んだつもりが実際には振り込まれず、自分のお金を失うだけで泣き寝入りするということになりかねません。

DeFiが広く使われるようになった背景には、仮想通貨の取引が世界中に浸透したということがあります。仮想通貨ではデータそのものが価値であり、たとえ仮想通貨を扱っているサービス企業が運営を停止したとしても、自分自身のウォレット等に格納された仮想通貨のデータがなくなるわけではありません。仮想通貨には、データ自体に世間が認めた価値があるからです。

スマートコントラクトとは、この仮想通貨データと連動して、利用者にとって便利なサービスをプログラムできるように作られた基盤です。

DeFiのサービスを見ると、表向きは銀行のインターネットバンキング等と同じように見えますが、裏の仕組みが決定的に違います。ブロックチェーンと連動して、仮想通貨のデータ自体の移転や変更を自動実行しているのです。

06 DEX（分散型取引所）の仕組み

DEX（Decentralized Exchange：分散型取引所）は、仮想通貨（暗号資産）同士を交換する取引所のことです。仮想通貨の価値は、刻一刻と変わります。そのようなリアルタイムな相場を踏まえて、ごくわずかな手数料で交換できるのが、DEXのコア機能です。

もちろん、取引所といっても、その実態はスマートコントラクトによって実現されたプログラムであり、直接的には人を介在せずに自動実行されています。

KEYWORD
- 分散型取引所
- DEX
- Uniswap

様々な仮想通貨を交換できる

DEX（分散型取引所）は、仮想通貨同士を交換することができるサービスです。

DEXの代表的なサービスが、**Uniswap**です。

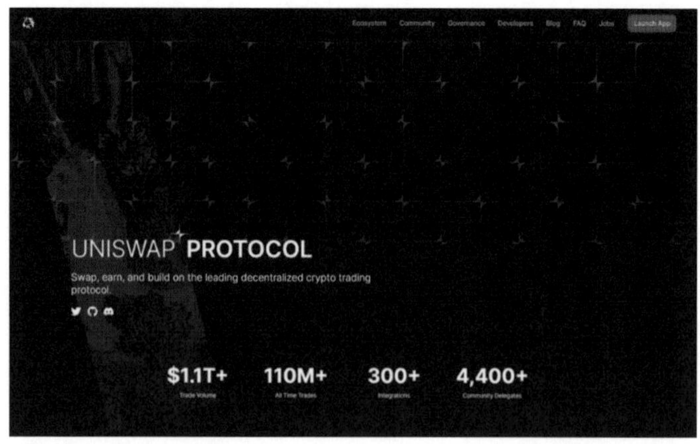

Uniswapのウェブサイト

https://uniswap.org/

Uniswapは、24時間いつでも取引を行うことができるDEX(分散型取引所)です。非営利目的で運営されていて、手数料がほとんど発生しないという特徴があります。2018年から運営が行われており、1,500種類以上の仮想通貨を取り扱っています。

Uniswapの主要な機能は、その名のとおりswapサービス、つまり仮想通貨間での交換を行うことです。

自分が保有している仮想通貨の種類と、交換したい仮想通貨の種類を指定すると、交換比率が表示されます。例えば、ETH(イーサ)とUNIという2種の仮想通貨を交換する場合を見てみましょう。

Uniswapで仮想通貨を交換する際の画面。この例ではETHとUNIを交換しようとしている。

https://app.uniswap.org/#/swap

この場合、1 ETHに対して、247.461 UNIで交換できる[注2]と分かりました。とはいえ、ここまでは普通の取引所と同じように思えます。従来も、中央

注2：ここで示された交換比率はあくまで純粋な交換比率に過ぎず、交換に際しては若干の手数料や「ガス代」(送金取引の承認作業にかかる手数料)がかかります。

集権型の仮想通貨取引所（多くの人に信頼された大企業が運営する取引所）が存在し、同様に仮想通貨間の交換サービスを展開していました。

DeFiとしての大きな特色の1つが、利用者の本人確認が基本的に不要ということでした。驚くことに、このような仮想通貨の交換を行う際に、利用者がUniswapでアカウント等を作成する必要すらないのです。

既に仮想通貨を保有していれば、このUniswapのウェブサイトからウォレット（仮想通貨を格納したソフトウェア）を同期させるだけで、第三者の介入なく直接、即時に交換を行うことができます。

従来の金融取引では、取引を仲介する取引所自体の信頼性が非常に重要でしたが、DeFiの場合はそのような組織としての取引所（今回はUniswap）自体に信頼性があるわけではありません。**Uniswapで自動実行されるプログラムだけを信用して取引を行う**のです。このプログラムがブロックチェーン技術を高度に応用して作成されているため、多くの人から信頼されていて、豊富な取引実績があるのです。

では、このプログラムはどういう原理で動作しているのでしょうか。

それを理解するためには、従来の取引所が採用してきた注文処理方式（オーダーブック方式）を見た上で、DEX（分散型取引所）の仕組みを説明する必要があります。順に見ていきましょう。

従来の注文処理（オーダーブック方式）

従来の取引所では、売り注文と買い注文を**オーダーブック**として並べていきます。オーダーブックという言葉が耳慣れない人もいると思いますが、次の図にあるように売数量と買数量を価格単位でまとめた情報です。日本語では、板（板情報）と呼んでいます。

そして、売値と買値が合致した部分で、売り手と買い手をマッチングさせていきます。これが、オーダーブック方式の取引方法です。

この方式では、取引所が仲介をしていますが、最後は売り手と買い手が直接取引を行います。基本的には、ピアツーピア、1対1での取引であると言えます。

売数量(株数)	気配値(円)	買数量(株数)
4	1,040	
35	1,030	
21	1,020	
53	1,010	
15	1,000	
	990	34
	980	58
	970	87
	960	45
	950	34

1,000円の価格に15株の注文

990円の価格に34株の注文

オーダーブック(板情報)のイメージ

しかし、このオーダーブック方式は、仮想通貨の取引には不都合な点がありました。仮想通貨は、取引の都度に高度な暗号処理を行う必要があります。このことは、1つ1つの取引が真正なものであると保証できるという点でメリットがありますが、一方で処理速度が遅くなり、処理自体にも手数料(ガス代)がかかるというデメリットがあります。

現代の証券取引所のシステムは、ミリ秒以下の応答速度で注文を処理し、1秒間に数万件の処理を行うことができます。一方で、仮想通貨の取引では、一般的に1秒間に数十件程度の処理を行うのがせいぜいです。最近ではさらに処理能力の高い仮想通貨も登場していますが、それでも証券取引所のシステムと比べると、処理能力の面では桁違いの差があるのです。

DEXの注文処理(AMM)

仮想通貨でも迅速に自由な取引を実現するために考え出されたのが、取引のルールをアルゴリズムによって制御する、**AMM**(Automated Market Maker:自律的に機能するマーケットメーカー)なのです。

前述のように、スマートコントラクトを使えば仮想通貨自体にプログラムを埋め込むことができます。そのプログラムを活用して、とても効率的な面白い仕組みを作ったのです。

例えば、ある投資家が2種類の仮想通貨(ETH、OMG)を持っていたとします。

このとき、1 ETHは50 OMGと同じ価値を持っていました。そして、ETHとOMGを1:1の価値となるように組み合わせを作りました。

今回は、10 ETHと500 OMGの通貨を用意して、両方をDEXに預けたとします(このとき、10 ETH＝500 OMGと、時価で同じ価値になっています)。

このように2種類の仮想通貨を1:1の価値となるように組み合わせたものを**流動性プール**と呼んでいます。

この流動性プールは、ETHとOMGの交換を効率的に行うために作られたものです。

ここで、交換サービスの利用者を考えてみましょう。

利用者は、いま1 ETHを保有していて、それをOMGに変えたいと思っています。

このような交換取引では、需要と供給の関係をリアルタイムに反映させることが重要です。ETHをOMGに変えたいという人が増えれば、OMGの価値を少し上げて、交換比率を柔軟に変更する必要があります。

AMMではそれを実現するためにあるルール(アルゴリズム)を導入したのですが、驚くほどシンプルなものになっています。

「ETHの総量とOMGの総量を掛け合わせた量を、不変量とする」

なんと、これだけでいいのです。

少し狐につままれた気分ですが、実際の数値で見てみましょう。

投資家が最初に拠出したのは、10 ETHと 500 OMGでした。個々の単位を無視して両通貨の総量を掛け合わすと、10×500で5,000となります。この数値を**不変量**(invariant)として管理します。

今の想定では、交換サービスの利用者は、1 ETHをこの流動性プールに持ち込んできたことになります。その分を追加すると、合計で11 ETHとなりました。 ということは、不変量から逆算すると、OMGの総量は以下となるべきでしょう。

不変量(5,000) ÷ ETH総量(11) = OMG総量(454.5)

もともと、OMGの総量は500ありました。ですので、上式の結果と差し引き(500-454.5)を行い、45.5 OMGを買い手に返却すべきであると分かります。

つまり、ETHとOMGの交換比率は、もともと1:50でしたが、この取引によって1:45.5へと更新されたのです。

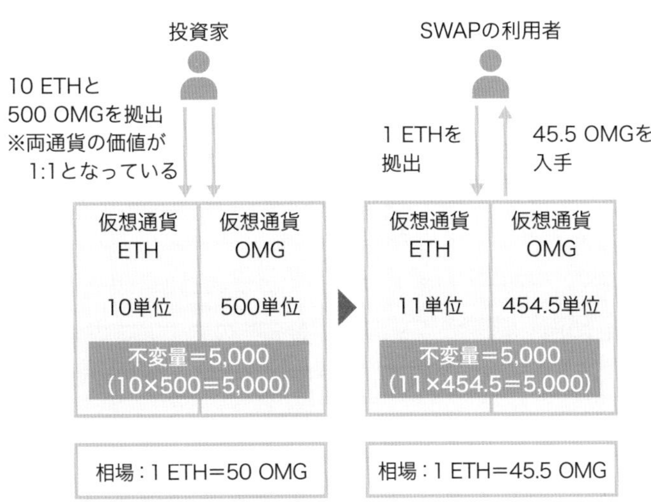

DEXの注文方式(AMM)の仕組み

なお、この交換比率は純粋な交換比率です。実際には、交換サービスの利用者が手持ちの仮想通貨を流動性プールへ送信する際に、一定の手数料が差し引かれます。この手数料の一部が、流動性プールに資金を拠出した投資家に対して報酬として配布されます。

この状態から、もっと交換を進めていけばどうなるでしょうか。簡単にシミュレーションしてみました。

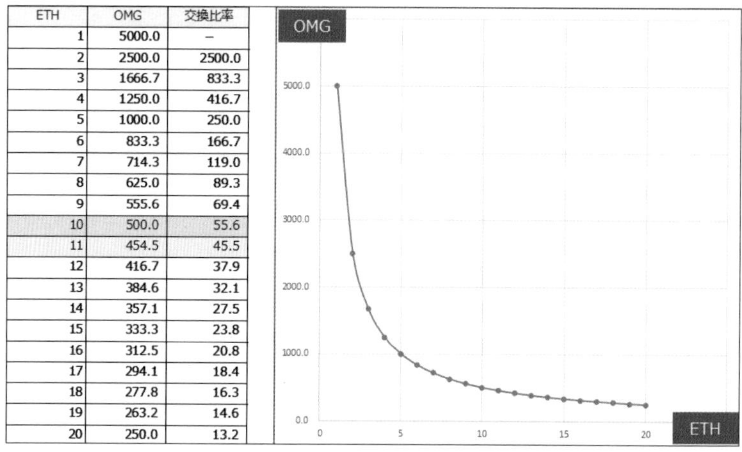

ETH	OMG	交換比率
1	5000.0	–
2	2500.0	2500.0
3	1666.7	833.3
4	1250.0	416.7
5	1000.0	250.0
6	833.3	166.7
7	714.3	119.0
8	625.0	89.3
9	555.6	69.4
10	500.0	55.6
11	454.5	45.5
12	416.7	37.9
13	384.6	32.1
14	357.1	27.5
15	333.3	23.8
16	312.5	20.8
17	294.1	18.4
18	277.8	16.3
19	263.2	14.6
20	250.0	13.2

1 ETHずつ交換を繰り返した場合の交換比率推移(筆者作成)

ETHからOMGへの交換を進めていけば、どんどんOMGの価値が上がっていきます。1 ETHずつ交換を繰り返していけば、10回目(合計で20 ETHを交換したとき)には、交換比率が1:13.2にまで変化します。

このような流動性プールの考え方をスマートコントラクト上のプログラムとして仮想通貨に埋め込むことで、従来の意味の取引所がなくても、取引所と全く同じ機能を実現できるようになったのです。このAMMの仕組みが画期的であったため、これを利用した様々なDEX(分散型取引所)が生まれることとなりました。

従来のオーダーブック方式では、個々の取引はピアツーピア(1対1)になると説明しました。

AMMを使った取引では、個々の取引はピアツーピアではありません。ピアツーコントラクトとでも表現すべきでしょうか。交換サービスの利用者に対して、その取引の相手方となるのは流動性プールそのものです。流動性プールを使った交換比率計算を自動的に行うプログラム自体が、取引相手の役割を担っているのです。

流動性プールを使ったAMMでは、需要と供給の関係を機動的に反映しながらも、取引量を必要最小限に抑えることで、手数料(ガス代)を減らすとともに、処理スピードを向上させることに成功しました。

そして、この流動性プールの仕組みによって、仮想通貨で取引が成立しにくいという問題が解決し、飛躍的にDEXが普及することにつながったのです。

COLUMN ガバナンストークン

レンディングサービスの代表例として説明したCompoundでは、COMPと呼ばれるトークンも発行しています。Compoundの利用に応じて無料で配布されるということになっており、高い利率の仮想通貨を貸し借りするほど、より多くのCOMPを得ることができます。

そして、一定量以上(総発行量のうち1%以上)のCOMPを保有する利用者は、Compound自体のガバナンスへの参加権利を得て、Compoundの運営方法を変更する提案を行うことや、各提案を決定するための投票に参加することができます。

このような性質を持つトークンのことを、ガバナンストークンと呼んでいます。

COMPはガバナンストークンですが、やがてCOMP自体が市場で取引可能となり、高い価格がつけられるようになりました。そのため、COMPを手に入れようと、Compoundの利用者が激増したのです。レンディングで預け入れる金額に対する利子に加えて、取引で得たガバナンストークンを換金することができるため、合計するとかなり高い利益率となったのです。

レンディングサービスの運用規模を拡大するには、仮想通貨を預けてくれる利用者を増やすことが必要不可欠です。そのために、ガバナンストークンを預け入れ額に応じて配布するという仕組みを初めて導入したのが、Compoundでした。そして、この試みは大成功し、他のDeFiサービスも次々とガバナンストークンを導入するようになりました。

07 DeFiのその他のサービス

DeFiとして提供されているサービスには、その他にも様々なものがあります。
ごく簡単に、用語だけ説明します。

KEYWORD
- DeFiのサービス事例
- ステーキング

DeFiサービスの代表的な種類

▶ 流動性マイニング

利用者が保有する仮想通貨をDEX（分散型取引所）に預けることで、その見返りとして新たな仮想通貨（ガバナンストークン）を入手できるという仕組みです。

▶ イールドファーミング

AMMの説明で登場した、流動性プールに異なる仮想通貨をペアで預けることなど、DeFiサービスに仮想通貨を預けて、その見返りに金利や手数料等の収入を得るという仕組みです。

▶ ステーキング

新たなブロックの作成において、仮想通貨を預け入れることで、ブロック作成の対価を間接的に得ることです。PoS（Proof of Stake、P.135）という仕組みが前提となっています。

▶ 予測市場

選挙の当選結果やスポーツ競技の結果など将来の出来事について予測し、仮想通貨を賭けるマーケットです[注3]。

注3：日本では賭博罪の規定があるので利用には注意が必要。

Chapter 2

NFT

08 NFTとは

絵画が75億円で売れたらしい。でも、その絵画は本当の絵ではなくて、デジタルデータらしい。しかも、そのデジタルデータは公開されていて、誰でも見られるしコピーもできるらしい。

そんな不思議なことが起こっている背景にあるのが、NFTという新しい技術らしい……？？

このように得体の知れない技術と思われがちなNFTについて、概要を説明します。

KEYWORD

- NFT
- 非代替性
- 偽造不可能
- デジタルデータ

NFTとは何か

NFTにまつわるニュースを耳にしたことがあるのではないでしょうか。75億円で売れたNFT絵画の例（The First 5000 Days、P.51）は世界中で有名になりました。その他にもNFTに関しては数千万円〜数億円といった高額取引も色々と行われているようです。

きっかけは色々あれど、NFTという謎の技術について驚きを持たれた方は多いでしょう。

NFTとは、Non-Fungible Token（非代替性トークン）の略称です。でも、非代替性とは何なのか、トークンとは何なのか、その他にも関連事項に専門用語が並んでいて、NFTは謎めいた実態のない技術のように思えてしまいます。

一言で表すと、**NFTとは取引履歴を技術的に保証するデジタル技術**です。

NFTも、ブロックチェーンの技術を大前提として作られています。技術として生まれたのは2017年の比較的新しい技術です。

簡単なイメージだけを先にお話ししましょう。

アート作品等のデジタルデータに対してNFTの処理[注4]を行うと、ブロックチェーンの技術を使って**偽造不可能な唯一無二のデータ**へと変換することができます。

ここでよく勘違いされるのが、デジタルデータのコピーについてです。あるアート作品にNFTの処理を行っても、アート作品の画像ファイル**自体**は、実は普通のデータと同様に簡単にコピーすることができます。しかし、NFTを最初に発行した人を起点として「誰から誰へ渡した」という取引履歴が全て記録されるようになります。ブロックチェーン技術により**その取引履歴はコピーすることも偽造することもできない**ので、唯一無二のデータであるといえるのです。

もちろん、この仕組みの裏側には、ブロックチェーン[注5]とスマートコントラクトの仕組みがあります。DeFiと同様ですね。

NFTを作成するとき、そのNFTをマーケットプレイスに出品するとき、または出品されたNFTを別の誰かが購入するとき、それぞれの取引がスマートコントラクト上のプログラムによって自動実行されます。その履歴がブロックチェーンに記録され、改ざんすることが難しいためにNFTが偽造不可能なデータとなるのです。

注4：NFTの処理を行ったデータを、正確にNFTアートと呼ぶ人もいますが、一般的にはNFTアートのことも含めてNFTと呼んでいます。本書でも、単純にNFTと呼ぶことにします。

注5：初期のNFTではイーサリアムのブロックチェーン上に記録するものが主流でしたが、手数料（ガス代）が高い等の問題もありました。その後にPolygonなど他のブロックチェーン（イーサリアムがベースとなっていますが）に記録するものも増えています。

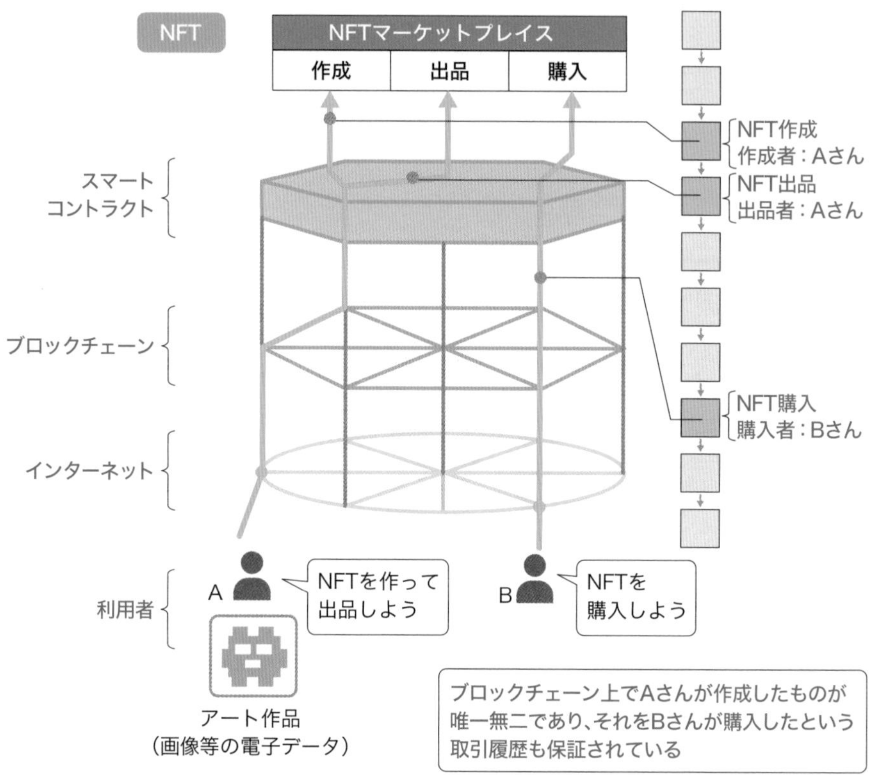

NFTの作成、出品、購入などの全ての取引履歴がブロックチェーンに自動的に記録される

そして、作成したNFTを取引できるマーケットプレイスも既に色々と存在しています。基本的に、どのマーケットプレイスも同じNFT技術を使っていますので、あるマーケットプレイスで購入したものを、他のマーケットプレイスで売ることも原理的に可能になっています。

NFTが大流行した理由

アーティストが作ったデジタル作品自体のデータをコピーすることは簡単ですが、アーティストがNFTを使って「世界に1個だけ」販売した作品は、永遠に世界に1個しかありません。NFTの裏にはブロックチェーンの技術があり、誰から誰へ受け渡されたという取引履歴がしっかりと記録され、現実的には改ざんできない状態になっているからです。

また、前述したように作品自体のコピーは容易ですが、取引履歴も含めた完全なコピー(つまり、2個目の偽物)を作ることも現実的にはできません。

だからこそ、表面的には誰でもコピーできるデジタル絵画であっても、作者本人が「**世界にただ1つ**」だけ作成したNFTということで、75億円もの価値がついたのです。

NFTは、購入したものを再出品するなど、二次流通させることもできます。そのため、資産の値上がりを期待して投資として買う人も多いようです。

二次流通について、NFTでは面白いルールを設定できます。通常の中古取引では、どんなに資産価値が上がっていっても、基本的に作者本人には利益が還元されません。世界的に有名な絵画を描いた作者も、実は本人は最初の販売でわずかな金額しか受け取っておらず、画商などの二次流通を担っている人だけが大きな利益を得ていることもあるのです。

しかし、NFTであれば、二次流通の取引が進むごとに、**作者本人にも一定割合の利益が還元される**という仕組みも実現できます。

それ以外にも、NFTの取引に関して、プログラムさえ準備すれば様々なルールを設けることができます。そのため、多くの人に受け入れられるような**公平なマーケット**を実現しやすくなっているのです。

NFTの人気過熱と凋落

2021年に、NFTは熱狂的なブームを巻き起こしました。しかし、2022年になってブームが一段落し、市場規模も縮小しているような状況です。

次のグラフは、NFTの市場規模の推移を示しています。

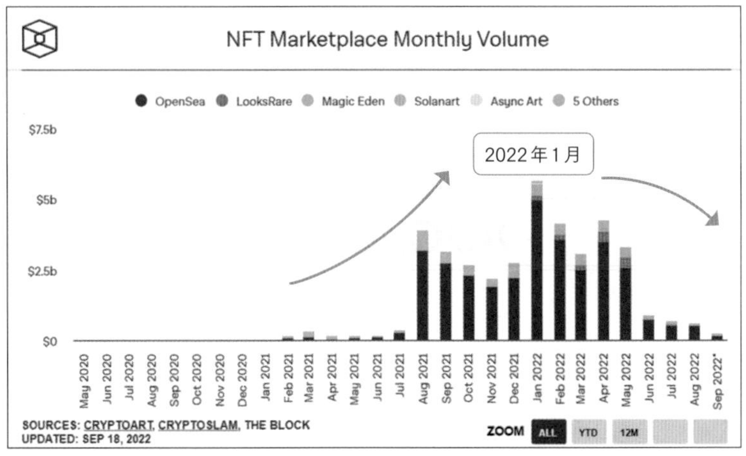

NFTマーケットプレイスの市場規模推移

https://www.theblock.co/data/nft-non-fungible-tokens/marketplaces

2017年に最古のNFTが公開されたものの、実はその後2020年まではNFTに注目が集まることはなく、市場規模もあまり大きくありませんでした。

ところが、2021年2月頃から流通量が増加し、2021年8月頃には大幅に取引が増えました。ピークを迎えた2022年1月には、月間流通量で50億ドルを超える規模にまで達したのです。

しかし、あまりに過熱しすぎたためか2022年8月には6億ドル程度の水準まで下がっています。

やはり、2021年には、NFT等に対して投機的で過剰な期待が寄せられていたのだと思います。

しかし、今後もNFTを使って「儲かる」、「早くやらないと損」といった誘い文句は数多く耳にするように思います。うまい話に乗せられて、出品や購入のために少なくない財産を使ってしまう前に、まずはNFTというものの実態について正しくご認識いただければ幸いです。

09 75億円のアート作品

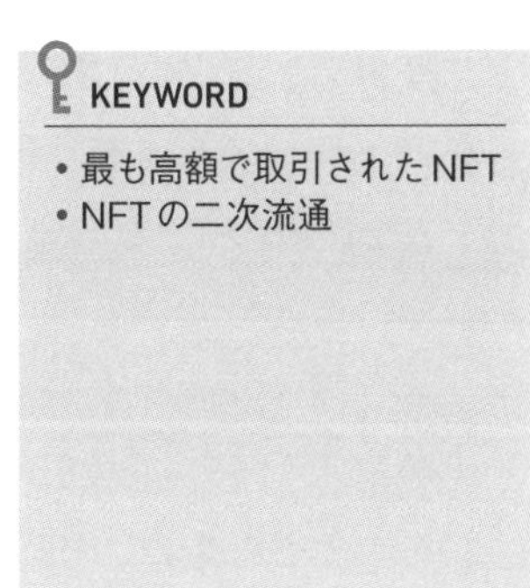

では、NFTで高額取引されているものにはどのようなものがあるのか、実例を見てみましょう。

これまで最も高額で取引されたのが、チャプター冒頭でも紹介した75億円のアート作品です。Beepleというアーティストが作成した、「The First 5000 Days」という作品です。2021年2月、大手オークションハウスのクリスティーズで約75億円もの価格で落札され、大きな話題となりました。

高額取引されたNFTの実例

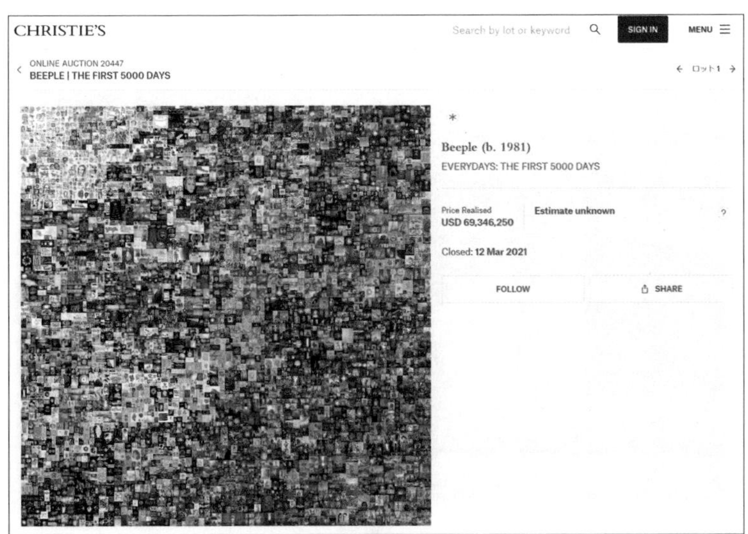

約75億円で落札されたThe First 5000 Days
https://onlineonly.christies.com/s/beeple-first-5000-days/beeple-b-1981-1/112924

Beepleという名前で活動しているマイク・ウィンケルマン氏は、もともと2007年5月から、毎日欠かさずデジタル作品を1つずつ制作するプロジェクト「EVERYDAYS」を進めていました。

その活動の結果、Beepleはインスタグラムで180万人以上のフォロワーを獲得し、ルイ・ヴィトンやナイキなどの大手企業とのコラボを行う著名なアーティストとなりました。

2021年2月、それまでの5,000日間で制作したアート作品5,000点をひとつにまとめ、コラージュさせた作品を、クリスティーズで出品しました。

オンラインオークションにより、入札は100米ドルから始まりましたが、最終的には69,346,250米ドル（約75億円）で落札され、世界中に大きな話題を呼ぶとともに、NFTに対する新たなブームを巻き起こしました。

なお、Beepleの作品には二次流通として高額取引された事例もあります。2020年10月にBeepleの別の動画作品を約720万円で購入したアートコレクターが、2021年2月末に約7億円で売ることに成功し、二次流通の可能性の大きさを広めた事例となりました。

約7億円で二次販売されたBeepleの動画作品

https://www.reuters.com/business/media-telecom/how-10-second-video-clip-sold-66-million-2021-03-01/

10 最古のNFT

「最古のNFT」は、2017年7月に生まれました。

クリプトパンクス（CryptoPunks）という名前で、マット・ホール氏とジョン・ワトキンソン氏という2人のエンジニアが実験的に公開したものです。

KEYWORD

- 最古のNFT
- クリプトパンクス

新しい世界を作り上げたクリプトパンクス

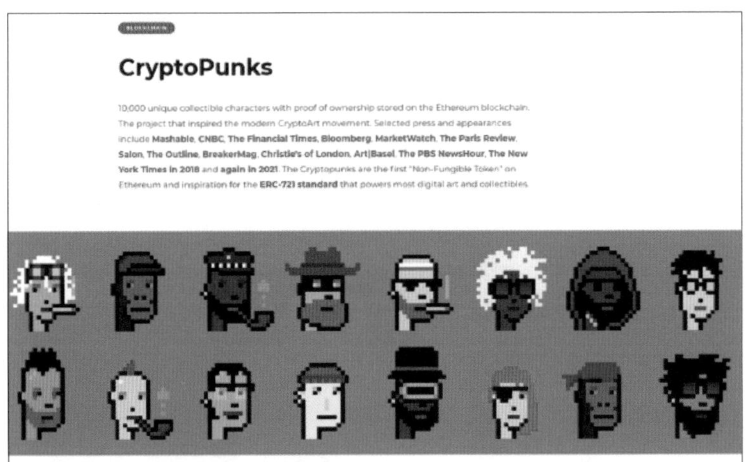

クリプトパンクスの作品イメージ

https://www.larvalabs.com/cryptopunks

もともとマット・ホール氏とジョン・ワトキンソン氏の2人は、自分たちでキャラクター作成ツールを作り、ユニークなポップアートを作成することに熱中していました。

キャラクターは24×24ピクセルで8ビット（256色）のドット絵になっていて、様々な髪形、帽子、メガネなどを持つ1万体のキャラクターを作成しました。

ほとんどは人間の顔を模していますが、一部にゾンビ、猿、エイリアン等のキャラクターもあります。

開発者の2人は、1,000個を手元に残して残りは無料で配布しました。当初は、仮想通貨イーサリアム（ETH）のウォレット（仮想通貨を格納する財布となるアカウント）を持っている人なら、誰でも無料で入手することができたのです。リリース当初はほとんど話題にならず、NFTとして取引されることはあっても、価格は安価でした。

ところが、イーサリアム自体の価格高騰や、NFTへの注目が高まったことを背景に、2021年に入った頃から、突然、取引価格が急上昇します。

2021年3月には、1体のキャラクターが4,200ETH（約8億円）という金額で販売されました。

4,200ETHで販売されたキャラクターについてのツイート

https://twitter.com/cryptopunksbot/status/1369812648288804865

また、2021年5月には、大手オークションハウスのクリスティーズで、開発者が手元に残していたコレクションの一部が売り出されました。結果、9体のキャラクターのNFTが、約18.5億円もの価格で落札されました。

#AuctionUpdate 9 rare CryptoPunks from Larva Labs' own collection makes history realizing $16,962,500
ツイートを翻訳

売り出されたコレクションの一部

https://twitter.com/ChristiesInc/status/1392282036417728519

現在も最古のNFTであるということで注目を浴び続けており、価格を維持しているという状況です。

なお、クリプトパンクスに影響されて、NFTやWeb3等の世界では、このようなドット絵によるイラストが大流行しました。Twitter等で自分自身のアイコンとして、クリプトパンクスに似たイラストを使う人も数多くいます。文化面でも、クリプトパンクスは1つの新しい世界を作り上げたのです。NFTが1つの文化であることが認められた証拠であるといえるエピソードです。

11 NFTのマーケットプレイス

NFTの出品や購入ができる場所が、マーケットプレイスです。アーティストの人はここで自分のNFTを出品し、投資家たちはNFTがさらに値上がりすることを期待して、ここでNFTを購入します。

ここでは、代表的なNFTマーケットプレイスであるOpenSeaを紹介します。

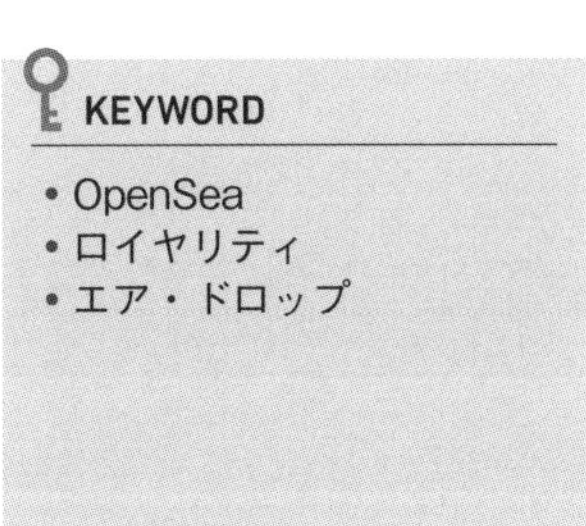

大流行の起爆剤となったOpenSea

NFTが大流行する起爆剤となったのが、有名なマーケットプレイスである**OpenSea**です。

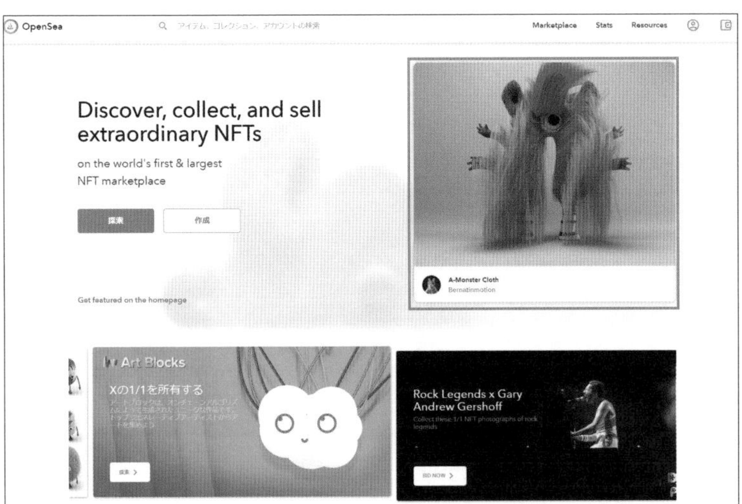

OpenSeaのウェブサイト

https://opensea.io

2021年4月時点では、8,000万個以上のNFTが取引できるようになっていました。なお、2022年9月時点では、5,000万個を下回る水準になっていて、NFT人気の低下を反映しています。

たまたま、トップページの目立つ場所に表示されたのが、赤色のモンスターのような画像でした。スクリーンショットでは分からないですが、動くアートコンテンツとして、毛並みがきめ細やかに動いています。ここをクリックするとコンテンツの詳細画面が開きます。

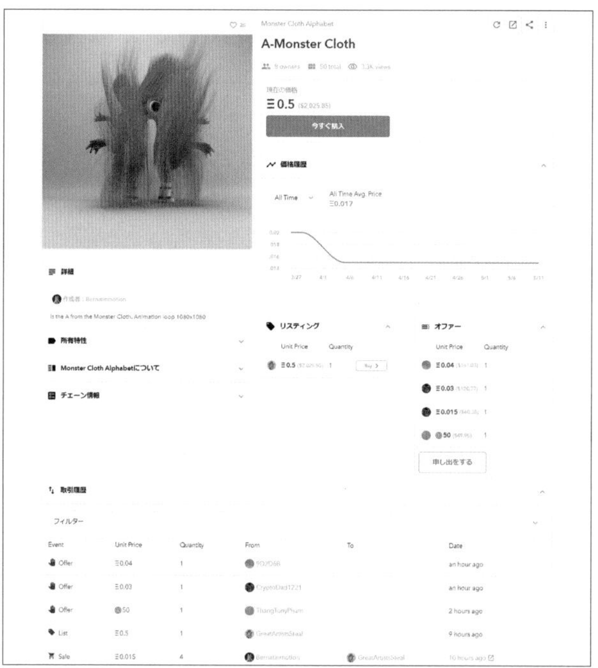

OpenSeaの出品画面
https://opensea.io/ja/assets/ethereum/0x88dc75fde07a075fd97e90641f0b1e2c7ba2a0ba/1

このコンテンツも売りに出されていますが、価格は0.5 ETHです。ETH(イーサ)とは、仮想通貨イーサリアムの単位です。この時点(2021年4月時点)でのETHの価格は1ETHが40万円程度でした。つまり、このモンスターのNFTは、約20万円の売値で販売されているということです。この値段で買おうとすれば、即決で買うことができます。

一方で、画面右側に「オファー」があります。この値段なら買ってもいいというのがオファーであり、0.04 ETH（約1万6,000円）などでオファーされています。

売り手がこの値段でOKを出せば、取引が成立します。

画面の上部の方（A-Monster Clothというタイトルの真下）には「50 total」とあり、これは作品の数を表しています。つまりこのコンテンツは、世界に50個しかない限定発売ということです。

その右側に、「8 owners」とあります。クリックすると、次のように表示され、このNFTを誰が何点所有しているかがわかるようになっています。

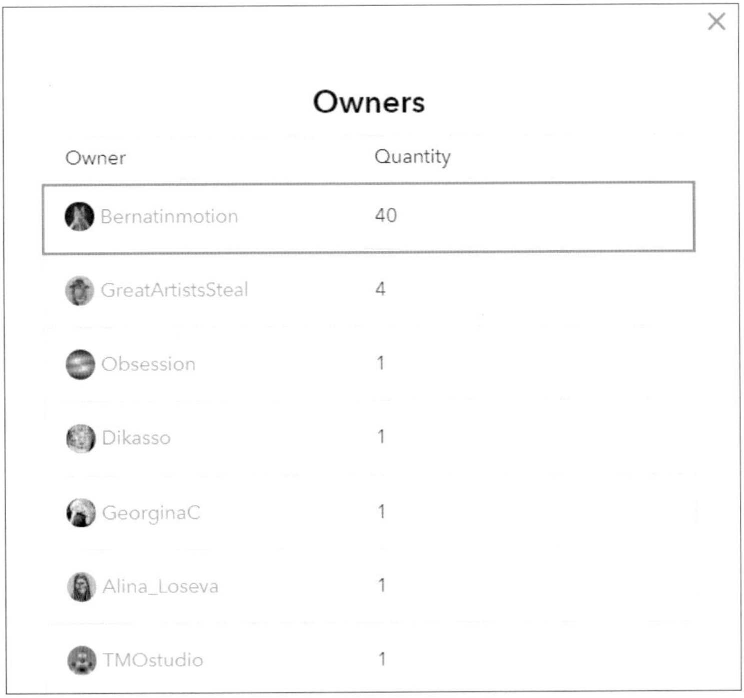

Owners

Owner	Quantity
Bernatinmotion	40
GreatArtistsSteal	4
Obsession	1
Dikasso	1
GeorginaC	1
Alina_Loseva	1
TMOstudio	1

NFTの所有者やそれぞれの所有数も確認できる。
https://opensea.io/ja/assets/ethereum/0x88dc75fde07a075fd97e90641f0b1e2c7ba2a0ba/1

40点を保有しているアカウントが、今回の売り手です。その下に並んでいるのは、過去にこのコンテンツを購入したアカウントです。

ところで、詳細画面の下側には、取引履歴が表示されていました。売り手から買い手へ、4点のNFTを取引した際の履歴も表示されています。その際の取引価格が0.015 ETHであったことも確認できます。

このように、過去の取引内容の全てが記録され、誰でも確認可能な形になっています。

NFTの取引自体は、ネットオークションと同じような方式です。ただし、**ロイヤリティというNFTならではの仕組み**が別途用意されています。

これは、この作品が、今後どんどんと二次流通が進んでいったときに、販売価格の一定割合を作者自身に還元する仕組みです。その割合自体も、作者が最初にNFTを売り出すときに自由に決めることができます。

例えば、作者への還元割合を10%に設定したとしましょう。購入するときには、それに加えて、OpenSeaのプラットフォームとしての手数料が2.5%かかります。つまり、売買成立時には、合計12.5%が手数料として、売り手の収入から差し引かれます。

作者にとっては、NFTが高額で売れるほど、そして繰り返して売れるほど、その度に販売価格の10%が手に入るという仕組みなのです。

今までの現物の中古流通では、後からどんなに高額で取引されるようになっても、作者自身には全く還元されない（お金が入らない）ということが普通でした。NFTではこのような還元の仕組みで作者自身へ利益が入るということは、アート作品を創作する上での大きなモチベーションにつながるように思います。

なお、作者が最初にアート作品にNFTの処理を行い、マーケットプレイスへ出品する際には、ある程度のお金がかかります。

お金のかかり方は、マーケットプレイスの種類により大きく異なりますが、OpenSeaの場合は、NFTを作成すること自体は無料でできます。

また、個々のコンテンツを出品することには手数料はかかりませんが、イーサリアム等のブロックチェーンを利用するためのガス代（手数料）が必要になります。

落札時には、前述のように2.5%の手数料が、OpenSeaのプラットフォームへ支払われます。

なお、2021年まではOpenSeaがマーケットプレイスとして一強のポジションでしたが、2022年にはLooksRareという別のマーケットプレイスの利用が拡大しました。

この背景には、LooksRareが「**ヴァンパイア・アタック**[注6]」を仕掛けたことがあります。OpenSeaである程度の取引をしている利用者に対して、LooksRareを使うことで彼らの独自トークン（LOOKSトークン）を配布するという大盤振る舞いに出たのです。

このように、利用者に対して無償でトークンを発行することを、**エア・ドロップ**と呼びます。NFTやDeFiの各サービス運営者は、このようなエア・ドロップを巧みに使い、マーケットのシェアの拡大に向けて仁義なき争いを繰り返しています。

注6：あるサービスが、別のサービスの利用者に対してエア・ドロップをするなど、報酬を与えることで自サービスへ誘導し、シェアを奪いとること。

Non-Fungibleとは

NFTは、Non-Fungible Tokenの略称でした。このコラムでは、その言葉の本来の意味についても説明しましょう。

Fungibleとは、あまり見慣れない単語ですが、「交換可能」、「代替可能」という意味です。ここでは、同じ種類のものを**「等価交換できる」**という意味で考えると分かりやすいでしょう。例えばお札とか、硬貨とか、ボールペンとか、トイレットペーパーとか、我々が日常で使っているほとんどの物が等価交換できるものです。

1,000円札は、どの1,000円札でも同じ価値を持つので、特定の1枚のお札に価値を見出す人はいません。ボールペンの場合も、同じ種類のボールペンが数本あるとしたとき、機能を果たせばよいのでその中の特定の1本を大事に保管する人はいないでしょう。他と交換しても問題ないという意味で、このようなもののことを**「交換可能」**と言っています。

一方で、Non-Fungible（非代替性、交換不可能）とは、特定のモノ自体に価値があり、他の同様のものと交換するわけにはいかないことを意味します。ここでは、一見同じ種類のものに見えても**「等価交換できない」**という意味で考えると分かりやすいでしょう。

野球選手のサイン入りのホームランボールは、その典型的な例です。物理的には同じ野球ボールであっても、サインが入っていることに特別な意味があります。普通の野球ボールと等価交換することはできないでしょう。あるいは、1,000円札であっても、番号がゾロ目になっているような特別なお札であれば、普通のお札と交換したくないですね。

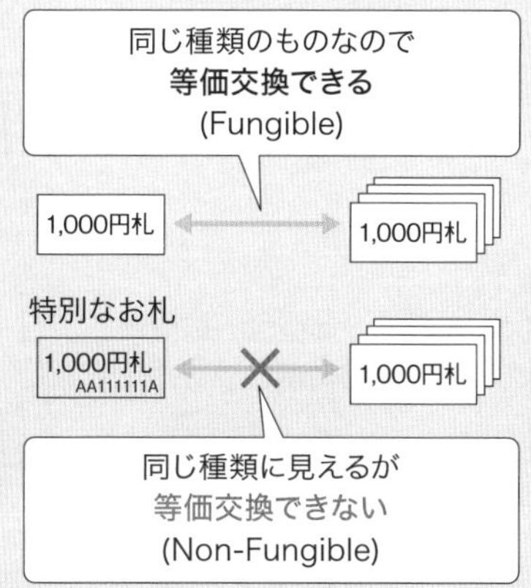

特定のモノ自体に価値がある場合は等価交換できない

等価交換できるかできないかの境目は、きっちりと分かれているわけではありません。人によってはサイン入りの野球ボールであっても、価値を感じないこともあるでしょう。所有している人にとってその特定のモノに価値を感じるかどうか、そのような価値観によって区別されるものといえます。

なお、最後の言葉であるトークン（Token）についても、一言で説明することが難しい言葉です。

もともと、「しるし」、「象徴」、「証拠品」、「代用貨幣」など、様々な意味を持つ言葉ですし、まさに英語のトークンという言葉に、この色々な意味が込められています。NFTの場合、まずは、「デジタルコンテンツが唯一無二の本物であると証明するもの」、つまり**証明書**みたいなものと理解いただければと思います。

実体としては、トークンとはブロックチェーンを使って作られたデータのことです。様々な規格がありますが、イーサリアムの場合は基本的に、仮想通貨であればERC-20（等価交換可能なトークンの規格）、NFTであればERC-721（等価交換できないトークンの規格）という規格に沿って作られたデータのことを指します。

なお、仮想通貨のことを、FT（Fungible Token）と呼ぶこともあります。FTに対してNFTがあるという関係が分かれば、用語としてイメージしやすいですね。

12 NFTは面白い事例の宝庫

NFTの世界では、独特の面白い文化や価値観が生まれており、人々を驚かせるような面白い事例がたくさんあります。

KEYWORD
- NFTの面白い事例
- 最初のツイート
- CryptoKitties

NFTの面白い事例

最初のツイート

Twitter創業者のジャック・ドーシー氏の初ツイート(just setting up my twttr)が、NFTのデジタル資産として競売にかけられ、約3億円で売れました。

燃やされたバンクシーの絵画

著名アーティストであるバンクシーのアート作品が購入者によって燃やされました。購入者は、作品を燃やす前にスキャナー等を使ってデジタルデータにしていたのですが、そのデータにNFTの処理を行うことで、このNFTこそが絵画の原本であると主張したのです。購入者は、元の絵を約1,000万円で購入していましたが、このNFTを約4,000万円で販売することに成功しました。

CryptoKitties

CryptoKittiesは、NFTである様々な子猫のキャラクターを購入、販売、収集、繁殖できるオンラインゲームです。子猫には様々な遺伝情報(ヒゲ、顔の毛、縞模様、背景色など)が組み込まれていて、子猫をどんどんと繁殖させることがポイントで、良いステータスの子猫は高値で取引されています。

2017年11月にリリースされたNFT初期のサービスであり、NFTを流行させる原動力の1つとなりました。

Chapter 3

メタバース

13 メタバースとは

メタバースと呼ばれるサービスは数多く存在しており、これまで見てきたDeFiやNFTのように、ブロックチェーン技術を活用したものも登場してきています。

ここでは、メタバースとは何かをイメージするのに分かりやすい事例を紹介します。

KEYWORD

- メタバース
- 仮想世界
- アバター
- VR

仮想世界でコミュニケーションができる

そもそも**メタバース**とは何でしょうか。それをイメージするのに分かりやすい例が、この画面だと思います。

Horizon Workroomsのイメージ

https://www.youtube.com/watch?v=lgj50IxRrKQ

これは、Horizon Workroomsというサービスで、Meta（旧Facebook）がベータ版として提供しているサービスです。

最近ではテレワークなどでウェブ会議を行うことは一般的になりました

が、ウェブ会議では参加者の表情をカメラで写して共有します。バーチャル背景等を使ってある程度その映像を加工することもできますが、ベースになっているのはカメラが撮影している実際の顔の映像です。

これに対して、メタバースの世界では、利用者が仮想のキャラクター（アバターと呼びます）の状態で、仮想世界の中のオフィスで対面して会議をするだけでなく、仮想世界の中を自由に歩き回って他のアバターとコミュニケーションをとることもできます。

VRヘッドセットを使って参加できる

さらに、この仮想世界は、PCのディスプレイで見ることもできるのですが、VRヘッドセットで見ることもできます。**VR**とはバーチャル・リアリティ（Virtual Reality）の略であり、ヘッドセットと呼ばれる機械を顔に装着して、仮想世界に入りこんだかのような体験を楽しめるのです。

なお、同じような意味で、AR（Augmented Reality：拡張現実）という言葉もあります。正確には、ARは現実世界（実際に目に見えている風景）に付加的な情報を重ね合わせることを指しています。

Meta社のVRヘッドセット「Meta Quest」の使用イメージ
https://www.meta.com/jp/quest

こちらは、Metaが提供しているVRヘッドセットです。もともと、Oculusという会社が開発していたのですが、2014年にMeta（当時はFacebook）が20億米ドルでこの企業を買収しました。MetaのVRへの期待が当時から高かったことを感じるエピソードです。このVRヘッドセットも、もともとはOculus Questという名前でしたが、現在はMeta Questへと名称が変わっています。

PCで見るとディスプレイに表示された部分だけが仮想世界ですが、VRヘッドセットで見ると視界に入る領域全てが仮想世界となります。そのため、**まるで仮想世界の中に自分自身が飛び込んだかのような没入感**を得ることができます。

自分が上下左右に頭を動かせば、仮想世界の中でもスムーズに視界が移ります。両手に持つコントローラーを使えば、仮想世界の中で物をつかんだり、絵を描いたりすることが自在にできます。

仮想世界の中で物をつかむこともできる。

https://www.youtube.com/watch?v=wa5BNN21j_o

なお、メタバースではVRヘッドセットが使えるサービスが多いですが、VRに対応していることがメタバースの条件というわけではありません。VRヘッドセットが使えないメタバースも存在します。

14 メタバースの定義は曖昧

先に事例を紹介してイメージを持っていただきましたが、多くの人が捉えているメタバースの意味は、**「3次元仮想世界で、同時に多人数が交流できるもの」**といったところでしょうか。とはいえ、どういったサービスまでをメタバースと呼ぶのかというのは厳密な定義はなく、人により、企業により、メタバースが指す内容が異なっているというのが実態です。

KEYWORD

- 3次元仮想世界
- Decentraland

メタバースと呼ばれることがあるサービス

例えば、ネットを通じたRPG(ロール・プレイング・ゲーム)や対戦型ゲームは古くから存在していました。これらをメタバースと呼ぶ人は、少ないように思います。

また、これまで見てきたようなブロックチェーンの技術を使って仮想世界を実現したものがメタバースであるとする人もいますが、それを否定する人もいます。

では、どのようなものがメタバースに該当するのでしょうか。ここではメタバースに含まれるかどうかが曖昧なものも含めて、メタバースと呼ばれることがあるサービスを見てみましょう。

▶ マインクラフト

マインクラフトは、ブロックを積み重ねて出来上がった仮想世界の中を、プレイヤーが自由に楽しめるゲームです。ストーリーを進めるRPGとは異なり、敵のボスを倒すといったゲーム自体の最終目的が存在しません。プレイヤーは、仮想世界に地形や建物などを自由に構築したり、プレイヤー同士で交流したりすることができます。このように、ゲームの中でも仮想世界の中を自由に活動できるゲームは、メタバース的な性格が強くなります。

マインクラフトは、以前から多くの人にプレイされていたゲームということもあり、メタバースではないとみなす人もいます。ただ、このゲームはPC、スマホ、タブレット、ゲーム機だけでなく、VRヘッドセットでもプレイできるようになっています。その点でも、3次元仮想世界という性格が強く、メタバース的であると言えるでしょう。

マインクラフトの画面イメージ

https://www.minecraft.net/ja-jp/about-minecraft

▶ VRChat

仮想世界で人々がコミュニケーションするという点では、ゲーム以外にもいろいろな例があります。コミュニケーションに特化したVRChatというサービスを見てみましょう。

マインクラフトはブロックを積み重ねる形で作られた仮想世界でしたが、VRChatではさらに細部まで作り込まれた仮想世界が作成されています。その仮想世界の中に入り込んで、ユーザー同士が会話を楽しむことができるのです（現時点では、使用言語は英語が中心）。

仮想世界自体の作り方も公開されているので、工夫を凝らした仮想世界を作って楽しむことができます。

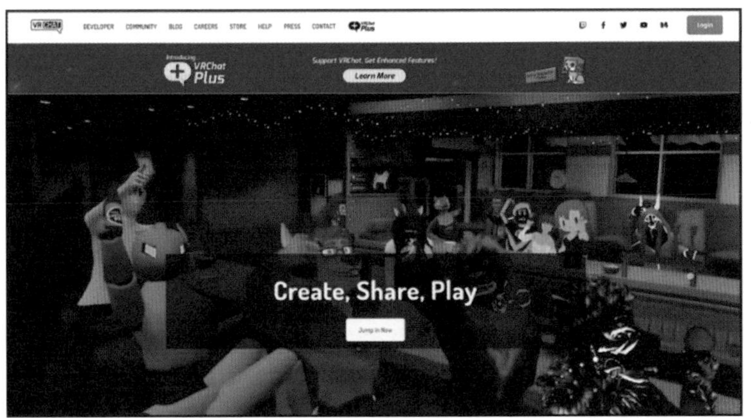

VRChatのウェブサイト

https://hello.vrchat.com/

VRChatではブロックチェーン技術は全く使っていないのですが、プレイヤーが仮想世界の住人になりきれるという点で、メタバースの代表的な事例になると思います。

Decentraland

そして、このような仮想世界の中で、実際の仮想通貨を使って取引が行えるサービスも増えてきました。その一例が、Decentralandです。

仮想世界の中の土地や、アバターが身に着ける衣服等の様々なアイテムを売買することができます。

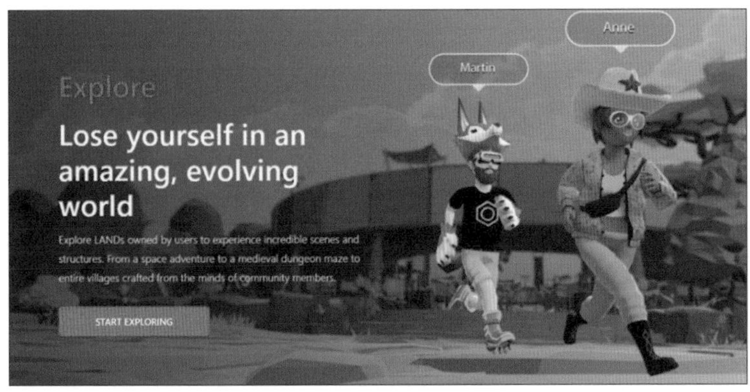

Decentralandのウェブサイト

https://decentraland.org/

この世界での取引で使われるのは、MANAという仮想通貨です。

イーサリアムをベースにした仮想通貨であり、このDecentralandの中で使えるというのはもちろんのこと、MANA自体が市場で他の仮想通貨と同様に取引されています。

なお、今までのオンラインゲーム、例えば先ほど紹介したマインクラフトでも、ゲーム内の通貨を使って取引を行うことができました。ただし、ほとんどの場合、ゲーム内通貨は実際の通貨に換金することはできません。換金できる例としては、ROBLOXというゲームの通貨（Robux）があり、換金比率が悪いものの、換金することが可能です。

では、今までのゲーム内通貨と、ブロックチェーンの仮想通貨との違いは何でしょうか。

厳密には色々と議論が分かれる部分だと思いますが、通貨としての**流動性と信頼性が大きく異なる**という点がポイントだと思います。

今までのゲーム内通貨は、基本的にそのゲームの内部でしか使えません。あるゲームのゲーム内通貨をたくさん集めても、それを別のゲーム内で使うことはできませんし、現金に換えることもできません。さらにそのゲームのサービスが突然終了したり、運営会社が倒産してしまったりというような万一の事態が発生した場合には、そのゲーム内通貨の価値は基本的にゼロになります。

一方で、ブロックチェーンを使ったゲームでは、ブロックチェーン技術をベースにした仮想通貨を使っています。この仮想通貨はゲーム内で使えるだけでなく、他の仮想通貨と同様にゲームの外の一般市場でも流通しています。様々な仮想通貨の市場があり、需給に合わせて刻々とレートが変わりますし、誰でもオープンに取引することができます。また、仮想通貨だけでなく、NFTを取り入れるなど、ブロックチェーン技術を様々に活用したゲームも出てきています。

Web3とメタバースの関係

Decentralandのように、仮想世界の中でブロックチェーン技術も高度に活用しているものがあります。特に、Web3という言葉とメタバースという言葉が同時に流行したこともあり、同じようなものだと認識している人もいるのではないでしょうか。

Web3とメタバースは、このような関係になっています。

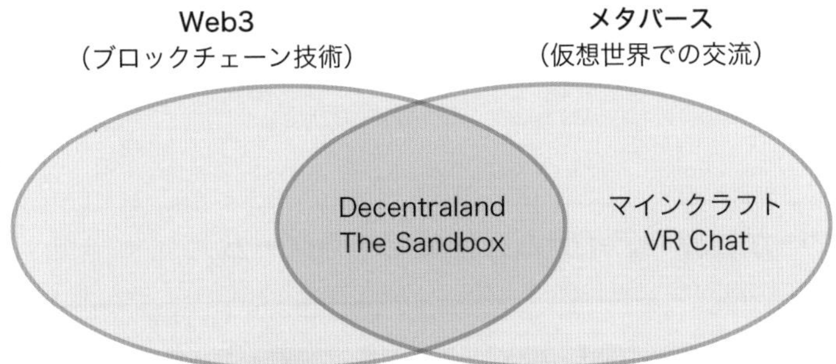

Web3とメタバースの関係図

基本的にこの両者は、**コンセプトとしては異なるもの**です。Web3はブロックチェーン技術を活用したサービスであり、メタバースは仮想世界での交流を主軸とするサービスです。

ただ、その両者が交じり合ったサービスが生まれてきているのです。先ほど説明したDecentralandや、この後で説明するThe Sandboxがその代表例です。

本書ではWeb3をテーマとしているので、メタバースの中でもブロックチェーン技術を使ったサービスについて深掘りしていきたいと思います。

15 The Sandbox - NFTで構成されるメタバース

The Sandboxは、イーサリアムのブロックチェーンを基盤にした、メタバースと評されるNFTゲームです。

Sandboxとは直訳すると「砂場」です。定められた目的やゴールがなく、仮想世界の中でゲームを楽しんだり、イベントを開催したり、世界自体を形作ったりと自由に行動できることから、この名前がつけられています。

KEYWORD
- The Sandbox
- NFTゲーム

プレイヤーが世界やアイテムを作成できるゲーム

The Sandboxのウェブサイト

https://www.sandbox.game/jp/

The Sandboxは、2012年にリリースされ、2018年に香港のAminoca Brandsという会社が買収し、運営しています。

プレイヤーは「神の見習い」の役割を果たすという立場として、ゲーム世界内の水、土、稲妻、溶岩、砂、ガラスなどの資源や、人間、野生生物、機械的装置などのより複雑な要素を組み立て、独自の世界を構築できます。また、自分が作成した世界を保存し、公開ギャラリーにアップロードして、全世界に公開できます。

The Sandboxの仮想世界は、「ボクセルアート」と呼ばれる小さな立方体を組み合わせたもので構成される特徴的な世界になっています。

ボクセルアートで構成されるThe Sandboxの仮想世界

https://www.sandbox.game/jp/

この世界を作るための無料ツール（VoxEdit、Game Maker）が公開されており、プレイヤーが自分自身でキャラクターやアイテム自体を作成することもできます。

様々なものがNFTで作られている

そして、何よりThe Sandboxの最大の特徴となっているのが、この仮想世界の中の土地(ランド)、アバター、アイテムなどあらゆるものがNFTとなっていることです。

そして、それらのNFTコンテンツは、The Sandboxのウェブサイトでも販売されていますし、OpenSea (P.57) などの外部のマーケットプレイスで売買することもできます。

実際の様子を見てみましょう。The Sandboxのウェブサイトで、アバターやアイテム等がNFTコンテンツとして販売されているのを見ることができます。

The SandboxのウェブサイトにあるNFTショップ

https://www.sandbox.game/jp/shop/

The Sandboxの中では、**SAND**という仮想通貨が使われています。SANDの価値は、この時点(2021年11月)で300円程度でした(かなり大幅に変動しているので、本書をご覧になる時点で相場は大きく異なるかもしれません)。

画面左上のアバターの値段は、6,300 SANDとなっており、20万円程度の金額です。その他のアバターも同様の価格水準です。この画面を確認した2021年の当時は、NFTコンテンツ自体がバブル状態になっていたことが背景にありますが、それにしても高額な水準でした。

なお、最も安いアイテムを探してみたところ、鳥、クモ、オオカミのような動物のアイテムが表示されましたが、それでも7.35 SAND（約2,000円）でした。

高額で取引される土地

アイテムの値段も高いですが、もっと高額となっているのがランド（土地）です。

ランドは、その数に限りがあり、上限が16万6,464区画に定められています。だからこそ、希少価値があるということで、取引が過熱しているのです。

The Sandboxの世界の地図を大きな縮尺で見ると、次の図のようになっています。

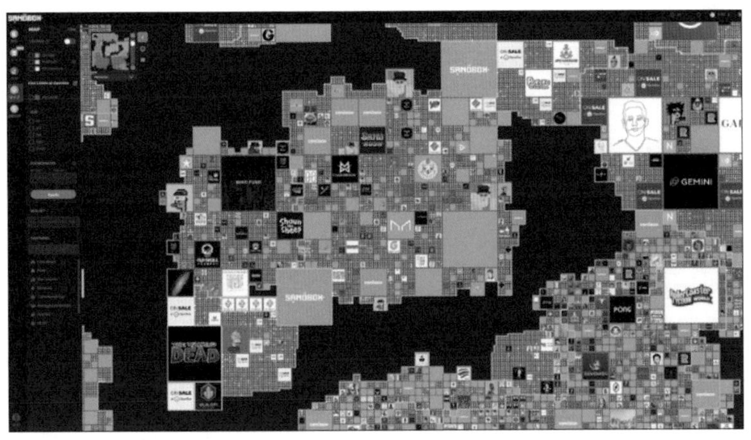

The Sandboxの地図の一部

https://www.sandbox.game/jp/map/?currentX=830¤tY=1470&zoom=1&liteMap=false

地図の中のほんの一区画、次の図の真ん中にあるオレンジ色の点について、販売価格を見てみましょう。商品名（LAND）の横にある数字（-179、-27）はその土地のアドレスを意味しています。

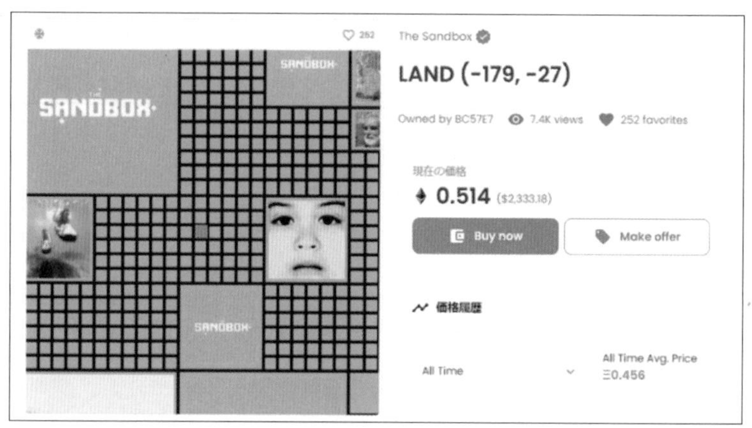

OpenSeaでのランド（土地）の販売画面
https://opensea.io/ja/assets/ethereum/0x5cc5b05a8a13e3fbdb0bb9fccd98d38e50f90c38/72241

この画像撮影時の販売状況では、価格は0.514 ETHということで、換算すると2,333米ドルと表示されています。つまり、25万円程度です。どの区画でも値段が同じわけではなく、有名企業のランドに近い場所ほど人気が出るといった傾向もあるようです。

ランドの新規販売については、The Sandbox公式からのセールが時々行われています。現在はその度に購入希望が殺到しているような状況です。

実質的には、ランド（土地）の売買はOpenSeaのようなオープンマーケットを中心に行われています。今回紹介した25万円のランドも、OpenSeaで販売されているものです。

もはやゲームというよりも投機対象となっている印象もありますが、土台としてのゲーム性も優れています。また、アイテム等を作るための様々な開発ツールが無償提供されていることもあり、ユーザーがどんどん新しい世界を生み出し、面白いゲームとなっています。

16 Decentraland - 作り込まれた広大なメタバース

チャプター冒頭で簡単に紹介したDecentralandについても、もう少し深掘りしましょう。

Decentralandは、2020年2月に公開されたプラットフォームです。

The Sandboxと同様に、イーサリアムのブロックチェーンを使ったメタバース空間となっています。

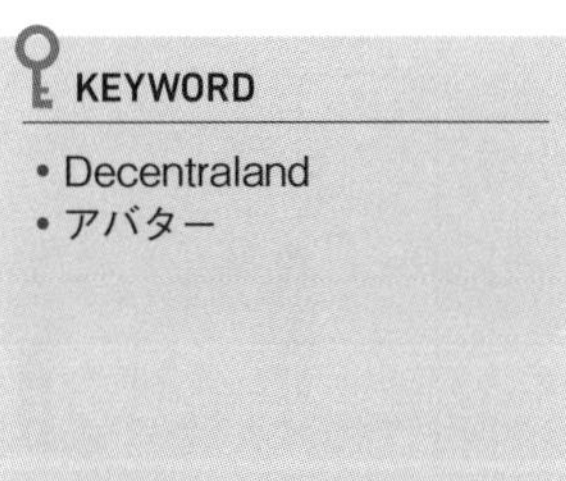
KEYWORD

- Decentraland
- アバター

実世界に近いような世界観

The Sandboxはボクセルアートで表現された世界でしたが、**Decentraland**はよりリアルなグラフィックを使い、実世界に近いような世界を実現しています。この世界の中で多くの人がアバター(仮想世界の中のキャラクター)として動き回り、会話し、取引を行うことができます。

Decentralandの中の土地もThe Sandboxと同様に売り出されていて、その区画を購入した人が自由に建物などを作ることができます。取引に使うのは**MANA**という仮想通貨で、マーケットプレイスで土地やアイテムを売買することができるようになっているのです。

作り込まれた広大な仮想世界

Decentralandでは、ユーザー登録等の作業をしなくても、ゲストとしてすぐに世界を体験できます。実際の様子を見てみましょう。

最初に、自分のアバターを選びます。ゲストアカウントに標準で用意されているものは、あまり選択肢はありません。

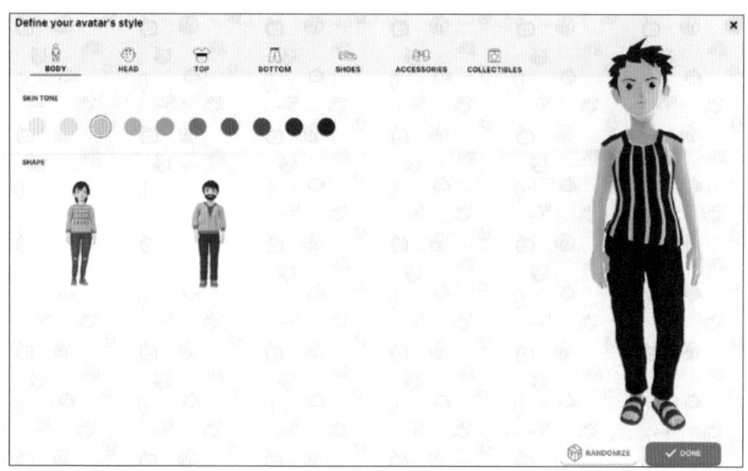

アバターの選択画面

ゲームの世界に入ると、最初は次のような世界に案内されます。自分がログインした後も、多くのユーザーが次々にこの世界に入ってくることでしょう。

最初に案内される世界

街中に立っていたロボットに話しかけてみました。このロボットは、「身に着けるアイテム（Wearables）が、ブロックチェーン上のNFTとして取引できるよ」ということを教えてくれました。

仮想世界でアバターとして動き回ったり、会話したりできる。

そして、画面左上に表示されている地図をクリックすると、全体マップが表示され自分がどこにいるかが分かります。

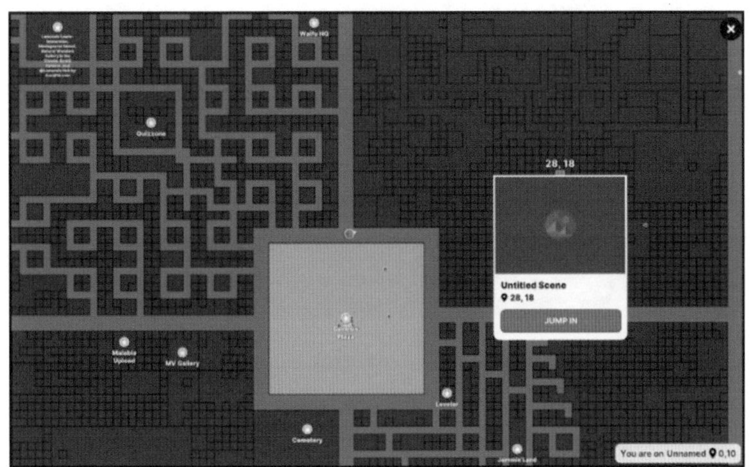

全体マップの一部。非常に広大な世界が広がっている。

一画面に表示されているのは、全体のうちのほんの一部に過ぎず、予想していたよりもはるかに広大な世界だとわかるでしょう。

この1つ1つの区画(パーセルと呼びます)を、ユーザーが購入し、思い思いの世界を実現しているのです。

また、地図上をクリックすることで、好きなところにワープすることができます。いろいろと歩き回ってみると、Dencentralandが多くの人によってかなり作り込まれた世界であることが分かります。

マーケットプレイスで売買

The Sandboxと同様に、土地やアイテムはNFTで作られており、それらを売買するための公式マーケットプレイスも用意されています。マーケットプレイスでも、基本的にMANAを使って取引を行います。

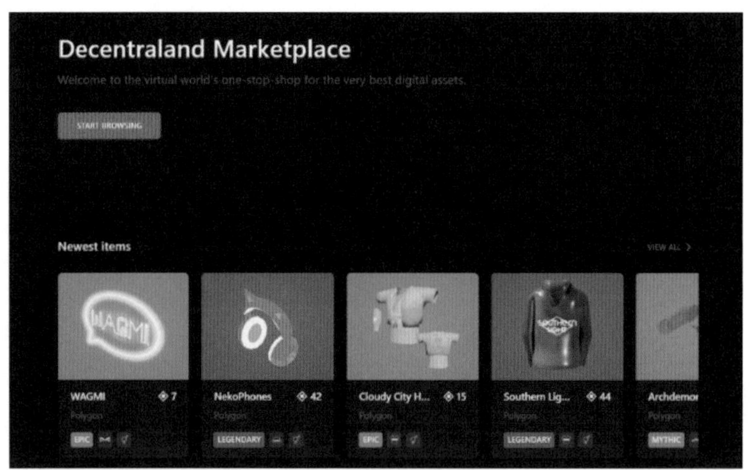

Decentralandのマーケットプレイス

https://market.decentraland.org/

ここで表示されているのは、アバターが身に着ける衣服や、ヘッドホン等のアイテムです。この時点でMANAの価格は400円程度だったので、この中で一番安いアイテム(7 MANA)でも、2,800円程度で販売されているということになります。

17 運営はDAOが担っている

Decentralandを開発したのは、アルゼンチンに開発拠点を置くメタバースホールディングス株式会社（Metaverse Holdings Ltd）です。

ただ、この会社がDecentralandの運営を行っているわけではありません。DAOという組織形態の団体が維持運営しているのです。

KEYWORD

- DAO
- 分散型自立組織
- ガバナンストークン

運営に関する意思決定はDAOが行う

Decentralandの運営は、基本的にこのゲームに参加する人たち自身が行っています。もう少し正確に言うと、ゲームで使われる仮想通貨でもあるMANAを保有している人に議決権を与えて、運営組織としての様々な意思決定を行っているのです。

このように個々の参加者によって自治的に運営される組織形態のことを、**DAO**（Decentralized Autonomous Organization：分散型自律組織）と呼んでいます。

DAOは、Decentralandの世界の土地や各種アイテム等の全ての資産を管理しており、そのポリシーの更新、アップグレード、手数料の決定など運営に関する様々な意思決定を行っています。

DAOでの意思決定は基本的に投票で行われますが、一般的な選挙権のように1人1票ではありません。議決権は、**トークンの保有量に比例**します。このようなトークンを、**ガバナンストークン**と呼んでいます。

MANAは、アイテム等の売買を行うための仮想通貨でもありますが、同時にDAOで議決権を行使できるガバナンストークンでもあるのです。

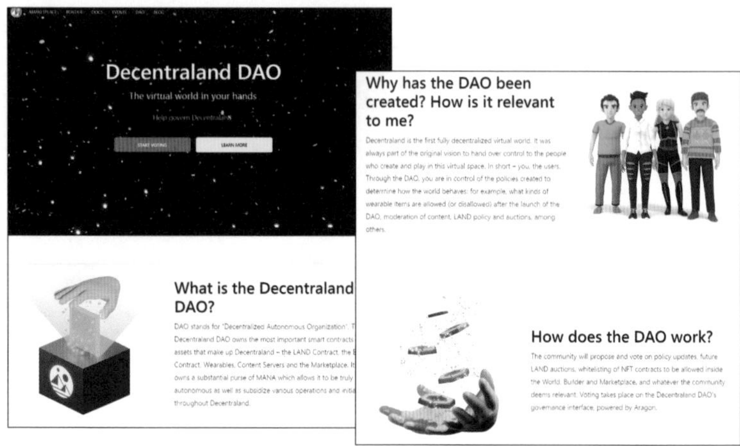

DecentralandのDADのウェブサイト

https://dao.decentraland.org/en/

DAOでの意思決定の実例

Decentralandの DAOの運営プロセスは、外部に公開されています。MANAを保有していない人でも、その内容を見ることができます。

基本的に、DAOの運営方針やサービス機能について変更する場合、参加者の誰かがその内容を提案し、DAOの参加者全体で投票を行って採否を決めるという流れになっています。

提案される内容は多種多様ですが、かなり細かな機能改善についても、それぞれ提案が行われます。

次の例では、ある画面（プロポーザルページ）に検索バーをつけるかどうかについて投票にかけています。

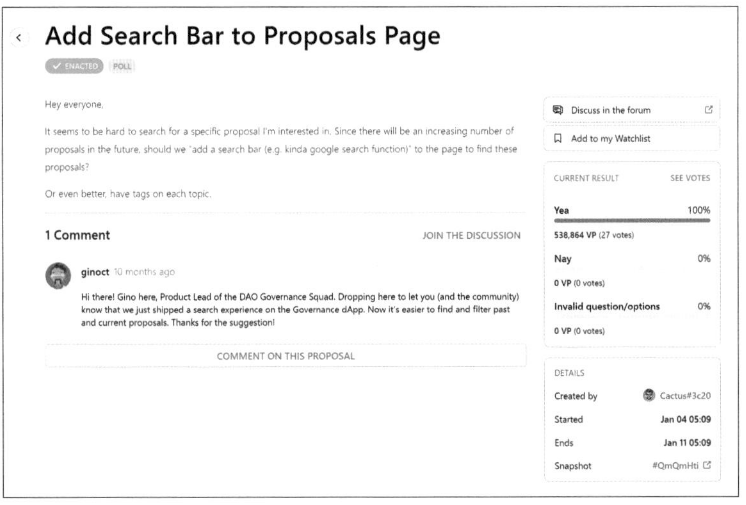

DecentralandのDAOの投票画面
https://governance.decentraland.org/proposal/?id=1f523a50-6cd1-11ec-8188-4352ce3d30e7

画面右側に投票結果が示されています。この時点では、投票した人の100%が賛成したという状況です。

面白いのが、誰がどちらに投票しているのかという内訳も全部公開されていることです。

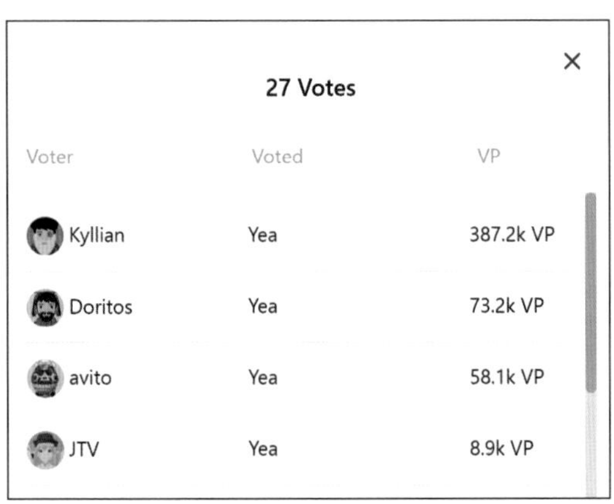

投票の内訳も公開されている。
https://governance.decentraland.org/proposal/?id=1f523a50-6cd1-11ec-8188-4352ce3d30e7

この時点で投票者は27人いました。この画面に表示されているVP（Voting Power）とは議決権の単位で、大まかに言うと保有するガバナンストークン（MANA）の割合によって増減するポイントです。すなわち、トークンを多く持つ人ほど多くの議決権を持つという、ある意味公平な仕組みです。

ただし、これらの投票者の本名や所属組織は全く分かりません。表示されている名前は、あくまで、この世界におけるハンドルネームに過ぎません。ハンドルネームに加えて、所有するトークンや取引履歴等の情報が分かるだけです。

これが、DAO（分散型自立組織）と呼ばれる管理形態の実例です。実例を見ると、その内容がイメージいただけたと思います。

メタバース世界の理想の追求

DecentralandやDAOに含まれるDecentralという言葉は、中央管理ではない、つまり**分散型管理**ということを意味しています。Web3の各サービスに共通して言えることですが、それぞれの運営組織は、中央管理ではなく分散型管理でガバナンスを確立するという基本的な方向性を持っています。Decentralandも、そのような分散型ガバナンスを目指して、このように名付けられたのだと思います。ちなみに、Decentralandのプログラムのソースコードも、オープンソースとして一般に公開されています。

単に仮想世界を提供しているだけでなく、DAOによる運営も含めて、**メタバース世界の理想形を追求し、先行して実装**しているように感じました。

18 その他のメタバースのサービス

本書ではブロックチェーン技術を高度に活用したメタバースの事例を説明しましたが、広義のメタバース（3次元仮想世界で、同時に多人数が交流できるもの）としても様々な面白いサービスが登場しています。

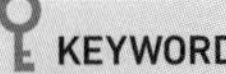

KEYWORD

- 広義のメタバースのサービス

広義のメタバースのサービス事例

▶ Mesh for Microsoft Teams（マイクロソフト）

チャプター冒頭で説明したHorizon Workroomsのように、職場での会議等を仮想世界の中で行えるサービスです。本書執筆時点（2023年2月）ではまだ開発中の状況ですが、機能や画面について様々なイメージが公開されており、インターネット上で見ることができます。

▶ REALITY（グリー）

仮想世界でのライブ配信を行えるサービスです。スマホのカメラで自分自身の顔を認識した上で、仮想世界のアバターの動きに変換します。自分が首を左に傾けたり、口を動かしたり、まばたきをすれば、アバターも同じように動きます。タイムラグもほとんどないので、まるで自分自身が鏡を見ているかのような動きに見えます。

▶ ホロライブ

バーチャルYouTuber（VTuber）のライブ配信サービスを提供しています。所属タレントとして著名なVTuberを抱えており、さらにオーディションを実施して新たなVTuberの発掘もしています。

▶東京ゲームショウ VR会場

もともと幕張メッセを会場としたゲームの巨大展示会ですが、2021年、2022年の開催ではVR会場も設置しています。展示する各社が工夫を凝らした仮想世界を準備していて、ゲーマーのみならず様々な参加者が楽しんでいます。

Chapter 4

GameFi

19 GameFi(ゲーミファイ)とは

前チャプターのメタバースの中でも、ブロックチェーン技術を使ったゲームについて紹介しました。さらにもう一歩進んで、GameFiという言葉も使われ始めています。ここではまず、GameFiの概要を簡単に解説します。

KEYWORD
- GameFi
- Play to Earn

GameFiとは

DeFi（Decentralized Finance：分散型金融）という言葉にも似ていますが、**GameFi**は、Game と Finance をつなげた言葉です。

「Play to Earn」（ゲームで稼ぐ）という合言葉のもと、単にゲームを楽しむだけでなく、ゲームの中で仮想通貨を稼ぐというスタイルが生まれているのです。

ゲームを取り巻く環境の激変

そもそも、ゲームについてのプレイスタイルやビジネス形態は、近年で大きく様変わりしています。このあたりの状況変化については、グレイスケール社が公開しているレポートが非常に参考になります。

このレポートでは、ゲーム市場全体の規模について、2020年の1,800億米ドルから、2025年には4,000億米ドルにまで成長すると予測しています。

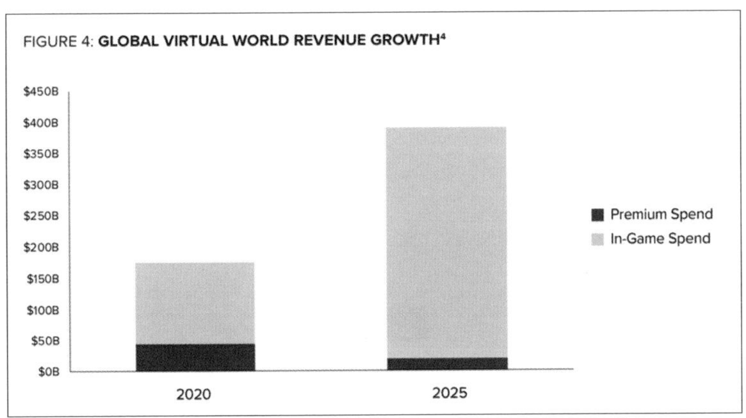

2020年のゲーム市場規模と2025年の予想
https://grayscale.com/wp-content/uploads/2021/11/Grayscale_Metaverse_Report_Nov2021.pdf[注7]

そして、その内訳を2つのグループに分けています。

1つ目が、**お金を払ってゲームを購入してプレイする**（濃い緑色の棒グラフ）というグループです。ファミコンや初期のプレイステーションなど、昔のゲームは全てこのようなビジネス形態になっていました。

2つ目が、**ゲーム内でお金を払う**（薄い緑色の棒グラフ）というグループです。スマホでのゲームはほとんどがこの形態ですが、ゲームを始める際には無料、または安価な金額となっており、ゲームを進めるにつれてアイテム等の課金が必要になるというパターンです。

既に2020年時点でも、2つ目のグループ（ゲーム内でお金を払う）が主流となっています。それが、2025年には2つ目のグループが圧倒的な比率になってくると予想されています。

注7：グラフデータ元：https://research.ark-invest.com/hubfs/1_Download_Files_ARK-Invest/White_Papers/ARK%E2%80%93Invest_BigIdeas_2021.pdf

ゲームでお金を「稼ぐ」

そして、同社のレポートでは、ゲーム自体の変化についてさらに示唆的な分類を行っています。

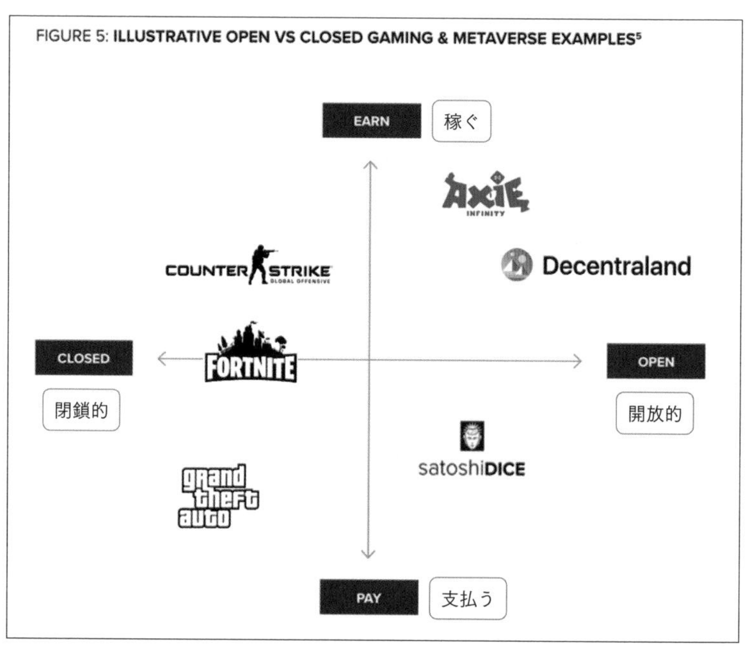

グレイスケール社によるゲームの分類
https://grayscale.com/wp-content/uploads/2021/11/Grayscale_Metaverse_Report_Nov2021.pdf

これまでのゲームは、Closed（閉鎖的）で遊ぶためにPay（支払う）ことが必要でした。

Closedというのは、ゲームで獲得したアイテム等が、そのゲームの中でしか使えないということを指しています。確かに、アイテムをゲームの外に持ち出して、他のアイテムと交換したり、換金することはできません。

また、ゲームをするためにお金を払っているので、言い換えると「**Pay to Play**（遊ぶために支払う）」という形になります。

これに対して、Open（開放的）でEarn（稼ぐ）ことができるという、新しい形態のゲームが出現しているのです。ゲームをプレイすることで稼ぐことができる、つまり「**Play to Earn**（稼ぐために遊ぶ）」ということです。

そういったゲーム内のアイテムは標準的なNFTの技術で作られているので、そのアイテムをゲーム外にも持ち出して換金したり、取引に使用したりすることができます。既に、The SandboxやDecentralandの例で説明したように、ゲーム内のアイテムや土地等はそのゲーム内だけでなく、OpenSea等のマーケットプレイスでも販売、購入することができるようになっていました。

そして、開放的（Open）であるだけでなく、稼ぐ（Earn）ことができるというのが新しいゲームの特徴です。

この代表例として、次のセクションではAxie Infinity（アクシー・インフィニティー）を紹介します。

20 Axie Infinity - 月に数万円稼げたゲーム

ゲームで稼ぐという意味で2021年に有名になったのが、Axie Infinityです。

ベトナムのスタートアップ企業が開発し、フィリピンやインドネシアの人を中心に、世界中にプレイヤーが広がっています。

KEYWORD
- Axie Infinity
- スカラーシップ

NFTで作られたキャラクターを育成

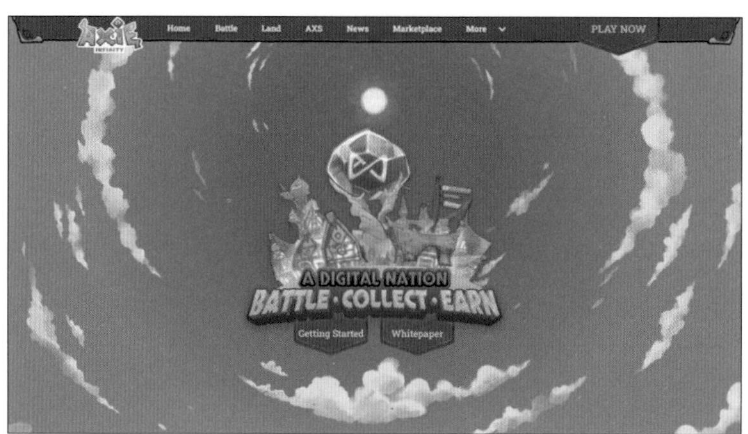

Axie Infinityのウェブサイト

https://axieinfinity.com/

Axie Infinityのゲーム自体の要素は、比較的シンプルです。アクシー(Axie)と呼ばれるキャラクターを育成し、様々なプレイヤーのアクシーと対戦して勝つことで報酬がもらえるという仕組みです。

このゲームに慣れてくると、月に数万円程度稼ぐことができていたようです。

日本などでは、月に数万円稼げたとしても生活するには十分ではありませんが、一部の国々では普通に働いて得られる金額に相当します。ちょうど、コロナウイルスによって自宅待機をせざるを得ないという社会環境の中で、ゲーム内で稼ぐことができるというのは画期的なことであり、フィリピンやインドネシアなどの東南アジアで仕事を失った人たちを中心に一気に広まりました。

Axie Infinityのゲーム画面
https://medium.com/axie-infinity/september-development-update-1d40b81b4f9e

対戦は、アクシー３体ずつの団体戦になります。カードゲームのような形式で、相手を攻撃するカード、体力を回復するカード、防御力を上げるカード等を選びながら、いずれかのチームが全滅するまで戦います。

報酬は、SLP（Smooth Love Potion）という仮想通貨で支払われます。

このゲームの面白い点は、**それぞれのキャラクター（アクシー）が、NFTで作られている**ことです。ですので、キャラクターをコピーすることはもちろんできませんし、不正に能力値を上げるようなチート行為もできないようになっています。

ゲームの始め方

　このゲームをプレイし始めるには、事前準備だけでなく、ある程度の金銭的投資と知識が必要です。ゲームの開始手順は、次のようになっています。

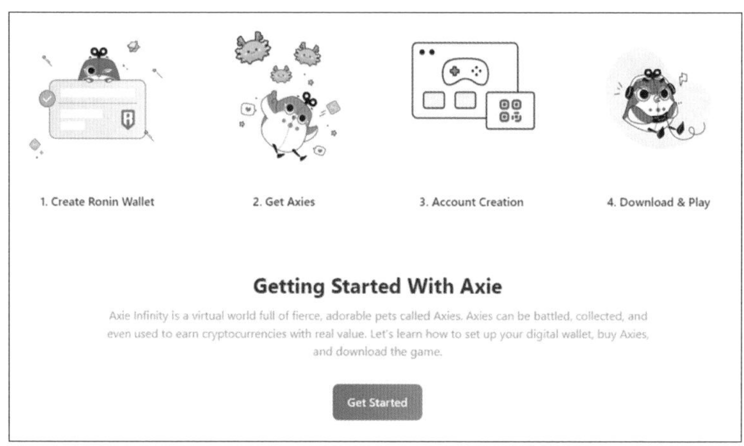

Axie Infinityのゲーム開始手順

https://welcome.skymavis.com/

▶ 1. ウォレットのインストール

　ゲームを始めるには、まず専用のウォレットをインストールします。初心者の方は、ここに仮想通貨を登録するまでが一苦労です。暗号通貨の取引口座を作るところから始めて、MetaMaskというウォレットに購入した仮想通貨を送り、それをこのゲーム専用のウォレット（Ronin Wallet）に送ります。

▶ 2. アクシーの購入

　キャラクター（アクシー）を購入します。バトルを行うには3体のアクシーが必要ですが、1体のアクシーが数万円もします（このゲームが流行した2021年時点の価格です）。ゲームを始めるまでに、かなりの初期投資がいるのです。

▶ 3～4. アカウントを作り、ダウンロードしてプレイ

ブリードにより繁殖できる

このゲームが大流行した理由の1つに、**ブリード**という仕組みがあります。

このゲームの肝となっているキャラクター、アクシーを繁殖させることができるのです。アクシーの能力には、目や耳などの各パーツの特徴が影響します。これには非常に細かな設定値があり、子の特徴は2体のアクシー（親）の特徴が遺伝しつつも、確率的な要素で決まります。どのように組み合わせれば優秀な子を作り出せるかということは、ブリーダーの腕の見せ所であり、相当な研究が進んでいます。

ちょっとだけ、その様子を眺めてみましょう。

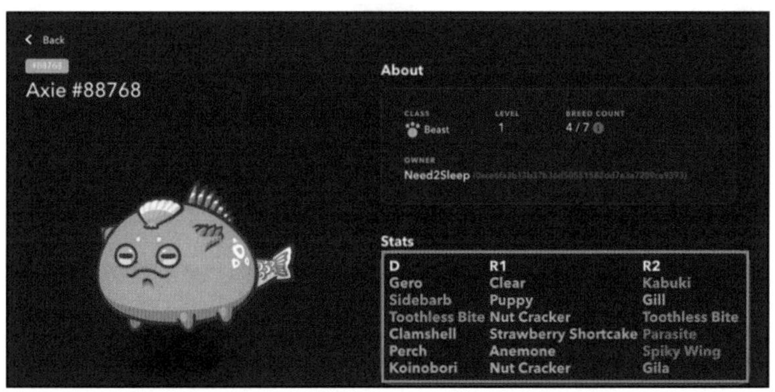

特徴が細かく設定されている。種類ごとに遺伝する確率が異なる。

https://whitepaper.axieinfinity.com/gameplay/breeding

図の右下に表示されているのがアクシーの特徴の設定値ですが、遺伝子として子孫に残す確率がそれぞれ異なります。

遺伝子の種類と子孫に渡す確率

遺伝子の種類	子孫に残す確率
優性－Dominant（D）	37.5%
劣性－Recessive（R1）	9.375%
マイナー劣性－Minor Recessive（R2）	3.125%

そして、両親のアクシーを指定すると、それぞれの特徴が子孫に受け継

がれる確率を網羅的に計算できるようになっています。なお、アクシーには個体ごとにIDが振られていて、IDを指定するだけでそのアクシーを特定することができます。

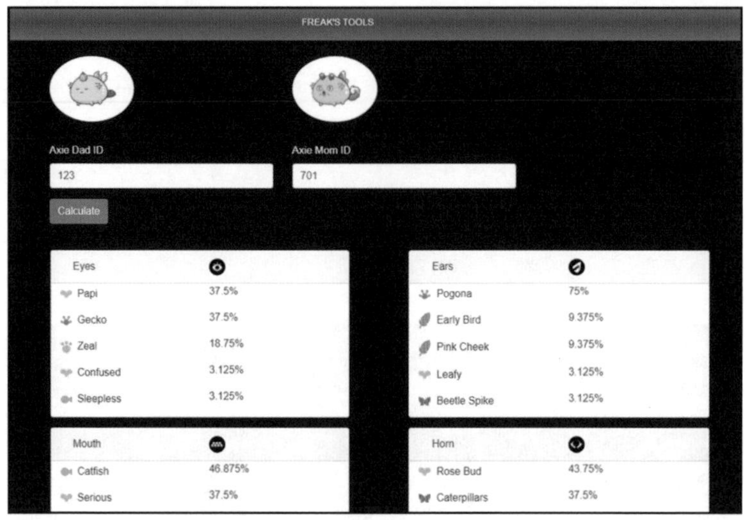

ブリードにおける遺伝確率を計算できる。
https://freakitties.github.io/axie/calc.html?sireId=123&matronId=701

これが、実際に計算した結果です。目の特徴、耳の特徴、口の特徴、ツノの特徴……と非常に細かく設定値があり、それぞれの確率が計算されています。なお、このブリード自体にも数万円程度の費用がかかるようです。

バトルで勝利して報酬を得るには、強いアクシーを手に入れることが重要です。一方で、お金をかければ強いアクシーが手に入るとすれば、多額を投資できる人だけがバトルで勝利できることになり、ゲームとしての面白みがありません。

ブリードによって運の要素も入れつつも、様々な研究を行うことで強いアクシーを入手しやすくなり、戦略的にバトルに勝てるようになる（稼げるようになる）というバランスをうまく組み立てたところが、このゲームの素晴らしいところです。

キャラクターを貸し出して儲けることもできる

もう1つ面白いのが、**スカラーシップ**（奨学金）という仕組みです。

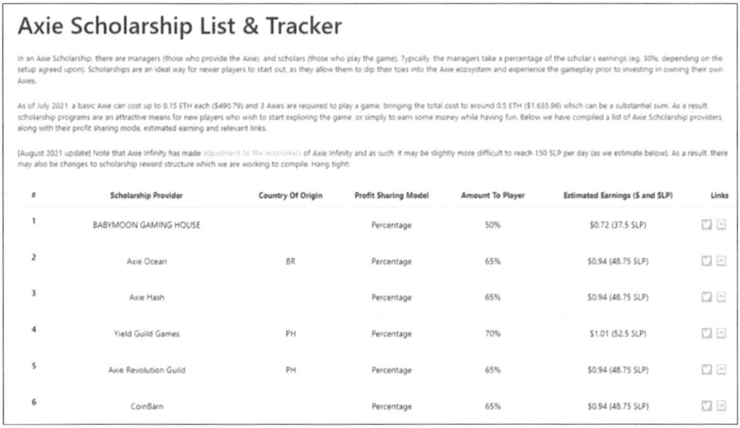

Axie Scholarship List & Tracker

In an Axie Scholarship, there are managers (those who provide the Axie), and scholars (those who play the game). Typically, the managers take a percentage of the scholar's earnings (eg. 30%, depending on the setup agreed upon). Scholarships are an ideal way for newer players to start out, as they allow them to dip their toes into the Axie ecosystem and experience the gameplay prior to investing in owning their own Axies.

As of July 2021, a basic Axie can cost up to 0.15 ETH each ($490.79) and 3 Axies are required to play a game, bringing the total cost to around 0.5 ETH ($1,635.96) which can be a substantial sum. As a result, scholarship programs are an attractive means for new players who wish to start exploring the game, or simply to earn some money while having fun. Below we have compiled a list of Axie Scholarship providers, along with their profit sharing mode, estimated earning and relevant links.

[August 2021 update] Note that Axie Infinity has made adjustment to the economics of Axie Infinity and as such, it may be slightly more difficult to reach 150 SLP per day (as we estimate below). As a result, there may also be changes to scholarship reward structure which we are working to compile. Hang tight!

#	Scholarship Provider	Country Of Origin	Profit Sharing Model	Amount To Player	Estimated Earnings ($ and SLP)	Links
1	BABYMOON GAMING HOUSE		Percentage	50%	$0.72 (37.5 SLP)	
2	Axie Ocean	BR	Percentage	65%	$0.94 (48.75 SLP)	
3	Axie Hash		Percentage	65%	$0.94 (48.75 SLP)	
4	Yield Guild Games	PH	Percentage	70%	$1.01 (52.5 SLP)	
5	Axie Revolution Guild	PH	Percentage	65%	$0.94 (48.75 SLP)	
6	CoinBarn		Percentage	65%	$0.94 (48.75 SLP)	

スカラーシップの一例。プレイヤーの取り分や、アクシーが1日で稼げる予測金額などが表示されている。

https://www.coingecko.com/en/coins/smooth-love-potion/axie_scholarship_guide#panel

これは、既にアクシーを保有している人が、保有していない人へアクシーを貸し出す仕組みです。

貸し出したアクシーでバトルに勝って報酬を得た場合は、その一部をバトルに参加したプレイヤーが、残りの報酬を貸し出しているアクシーの保有者が獲得します。

自分でゲームをプレイして稼ぐだけでなく、プレイする人にキャラクターを貸し出すことでも稼げるというように、様々な工夫が施されているのです。

残念ながら稼げたのは過去の一時期

2020年から2021年前半にかけては、このゲームである程度の金額を稼ぐことができたようです。

先ほどのスカラーシップの例を紹介した画面でも、そのアクシーが1日で稼ぐことができる金額が予測されていました。当時は、1日で数十米ドルを稼げたようです。しかし、2021年末時点では1日あたり1米ドル前後となっていましたし、2022年9月時点では1日あたり0.1米ドル程度の水準になっています。

この背景にあるのが、仮想通貨SLPの価値低下です。

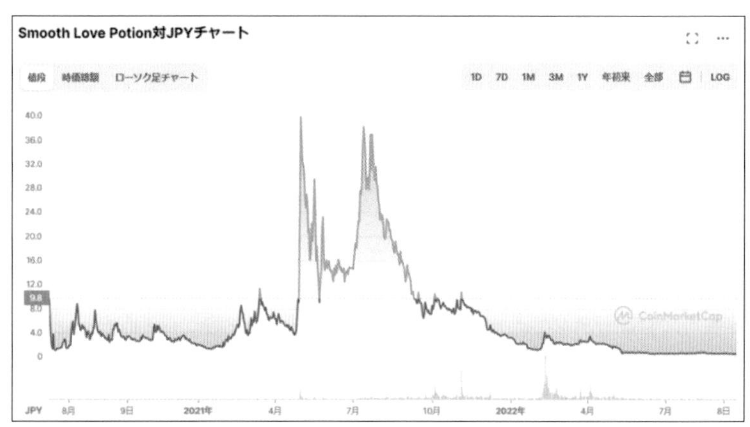

仮想通貨SLPの価値推移

https://coinmarketcap.com/ja/currencies/smooth-love-potion/

2021年のピーク時には、1 SLPが20円から40円といった水準で推移していましたが、2022年9月時点では0.5円程度です。価値が数十分の一にまで低下しています。

このような仮想通貨を利用したゲームでは、いくらゲームで強くなって仮想通貨を稼げたとしても、その仮想通貨自体の価値が下がるリスクがあるということです。

ゲームで稼げるようになるというのは素晴らしいことですが、まだまだ人生を賭けてこの分野に参入するには、リスクも大きいのかもしれません。

チュン・グエン - Axie Infinityの創設者

Axie Infinityを運営するベトナムのスタートアップ企業（SKY MAVIS）のCEOを務めるのが、チュン・グエン氏です。

1992年に生まれ、ハノイ教育大学付属高校（High School for Gifted Students, Hanoi National University of Education）というベトナムのトップレベルの高校で学んでいます。

2014年には、ICPC 国際大学対抗プログラミングコンテストでベトナム代表として出場しています。

2017年に、CryptoKittiesというNFTゲームのキャラクターに出合います。猫のキャラクターであるキティ同士を交配して新たなキティを作り出すという、Axie Infinityの原型となるゲームです。彼はこのゲームにはまり、繁殖のためのアルゴリズムがどのように機能しているかをリバースエンジニアリング的に調べ、特定の能力を持つキティを繁殖させるための確率を理解しました。

リバースエンジニアリングとは、内部のロジックが公開されていない中で、実際に起こる事象をもとに内部ロジックを推定する手法です。このような趣味の活動を通して、アルゴリズムを深く理解し、新しいサービスを着想したのでしょう。

2017年から2018年にかけてAxie Infinityの原型を立ち上げ、共同創業者とともにサービスを作っていきます。

資金面を含めて当初はかなり苦労したようですが、ベンチャーキャピタルからの出資を受けながらサービス開発を継続し、Axie Infinityという大ヒットを生み出すことができました。

Chapter 5

二大仮想通貨と基本原理

21 Web3を支える中心技術

Web3の各サービスは、1つまたは複数の仮想通貨をベースとして作られています。そのため、仮想通貨を知ることが、Web3を理解するための第一歩です。このチャプターでは、それらについて学んでいきます。

KEYWORD
- ブロックチェーン
- ビットコイン
- イーサリアム

ブロックチェーンが仮想通貨の基礎

Web3の考え方を支える仮想通貨は、全て**ブロックチェーンの技術**を基礎としています。種類も非常に多様で、今では少なくとも数千種類の仮想通貨があると言われています。

これらの仮想通貨は、**ビットコインとイーサリアムという二大巨頭**を軸として、急速な進化の歴史を歩んできました。

ビットコインはブロックチェーン技術の萌芽とともに誕生した最初の仮想通貨ですし、イーサリアムはWeb3の多様なサービスを作り出すきっかけとなりました。

ここからは、Web3を語るための大前提となっている、ブロックチェーン技術そのものと、二つの代表的な仮想通貨がどのような特徴を持っているのかを見ていきましょう。

22 ブロックチェーンの仕組み

Web3の多様なサービスも、元をたどると全てブロックチェーンの技術を大前提としています。

まずは、ブロックチェーンそのものについて、簡単におさらいしましょう。簡単にと言いながらもブロックチェーンの処理内容の中身にまで深く踏み込みますが、その後のWeb3関連技術が生まれる理由に関係するので、お付き合いください。

KEYWORD

- ブロックチェーン
- トランザクション
- ハッシュ値
- マイニング

ブロックチェーン技術の概要

ブロックチェーン技術とは、その名のとおり暗号化した情報のブロックが、鎖(チェーン)のように次々に連なる仕組みです。

ブロックに格納されている情報は、**取引履歴**です。例えば仮想通貨の送金であれば、誰が誰に対していくらの仮想通貨を送ったかという情報が取引履歴にあたります。それぞれの取引履歴が、時系列順にブロックに格納されています。

この仕組みによって、もし1つのブロックだけを改ざんできたとしても、ブロックの情報は過去の取引履歴と繋がっているため、矛盾が発生してしまいます。つまり、全てのブロックを改ざんしなければ、改ざんが成立しません。そのような改ざんは現実的に非常に困難であり、だからこそ、暗号としての強度が非常に高くなっています。

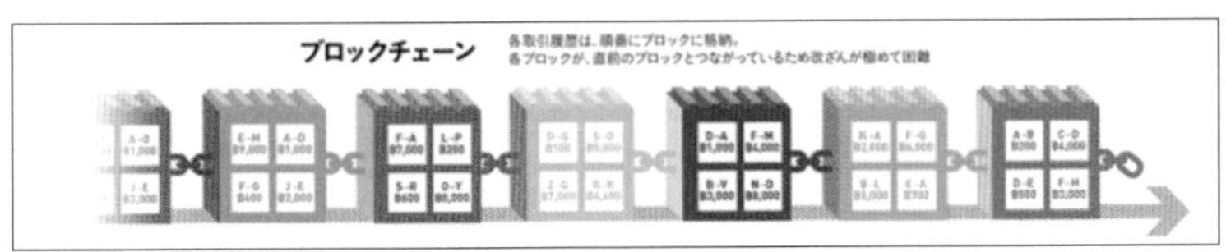

ブロックチェーンのイメージ図

出典：経済産業省「ブロックチェーン技術を利用したサービスに関する国内外動向調査」

ブロックに含まれる取引履歴の具体的な中身について、もう少し詳しく見てみましょう。各ブロックの中には、主としてタイムスタンプ、トランザクション情報、ハッシュ値の3種類の情報が含まれています。

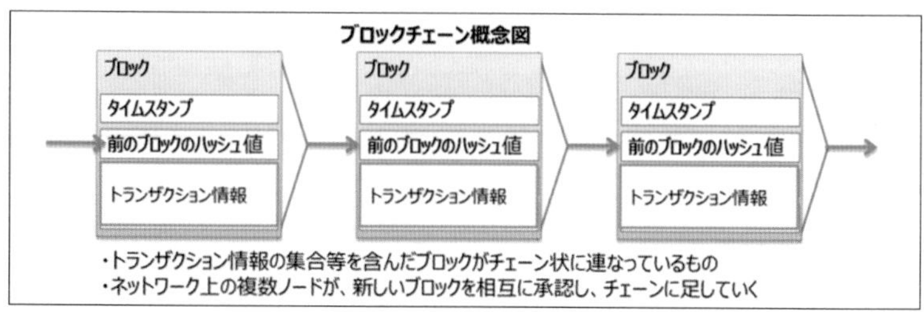

各ブロックの関係性

出典：経済産業省「ブロックチェーン技術を利用したサービスに関する国内外動向調査」

タイムスタンプとは、日付や時刻の情報です。

トランザクション情報は、誰から誰へ受け渡したかという取引内容の記録です。通常、1つのブロックには、複数の取引の記録が含まれています。

ハッシュ値は、前のブロックの情報をハッシュ関数という技術を使って暗号化した値です。この値がブロックチェーンの肝なのですが、少々複雑なので詳しく説明します。

ブロックを生成するときには、1つのブロックにあるこれらの情報全てをインプットとして、ハッシュ値を計算します。

ハッシュ値の計算に使うハッシュ関数とは暗号技術の一種ですが、基本的にインプットが変わればアウトプット（ハッシュ値）も必ず変わるという特性を持っています。

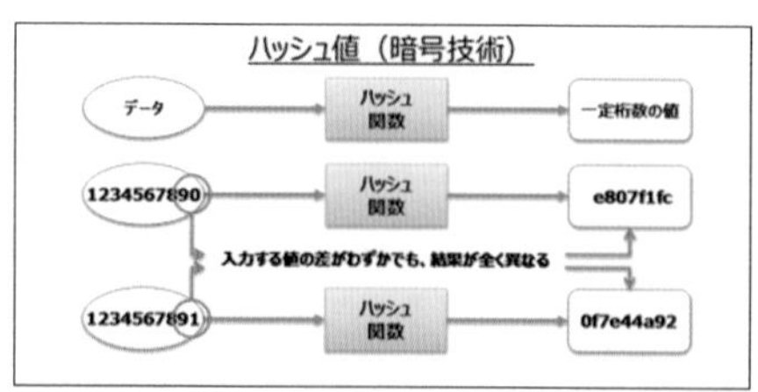

ハッシュ値の仕組み

出典：経済産業省「ブロックチェーン技術を利用したサービスに関する国内外動向調査」

つまり、インプットであるトランザクション情報の中身を改ざんすれば、ハッシュ値も変わるため、すぐに改ざんを検出できます。改ざんを防止するために、ハッシュ値という仕組みを入れているわけです。

ここで、**ハッシュ値がチェーン状に連なっていること**がポイントです。各ブロックに含まれるハッシュ値は、前のブロックの内容を反映したものになっている状況です。

例えば、概念図の一番左側のブロックのトランザクション情報を勝手に書き換えたとします。すると、トランザクション情報を含むブロック全体の情報が変わったことになり、その情報をもとに生成したハッシュ値も変わってしまいます。

しかし、真ん中のブロックには、左のブロックの改ざん前のハッシュ値が記録されています。

すると、前後のブロックでハッシュ値が合わないという矛盾が発生するので、**どこかで改ざんが発生したことを検知できる**わけです。

ブロックが連鎖する仕組みの本質

さて、非常に重要な部分なので、少し技術的に踏み込んで解説します。

ブロックチェーン上にあるそれぞれのブロックのハッシュ値を計算するというのは、実はかなり大変な作業です。

しかし、ある工夫によって**多くの人がこの計算を競い合って実施するという状況**を生み出すことができたのです。だからこそ、ブロックチェーン技術はここまで大きく進展することができました。

この工夫とは、**「ハッシュ値を計算する」という大変な作業に対して、その作業を行った人に報酬を与える**ことです。仮想通貨の**「マイニング」**という言葉を聞いたことがあるかもしれませんが、その実態はハッシュ値の計算なのです。マイニングとは採掘の意味であり、鉱山を掘り進めて金塊を得ることに例えています。

ここからは、ブロックチェーン技術というより仮想通貨としてのビットコインの説明になりますが、そのメカニズムを見てみましょう。

ビットコインでは、各ブロックのハッシュ値について、ある特別な条件をつけています。それは、**ハッシュ値の先頭に、一定数以上のゼロが続くこと**という条件です。

実際の例を見たほうが分かりやすいので、次の図をご覧ください。ハッシュ値の先頭に19個ものゼロが続いています。

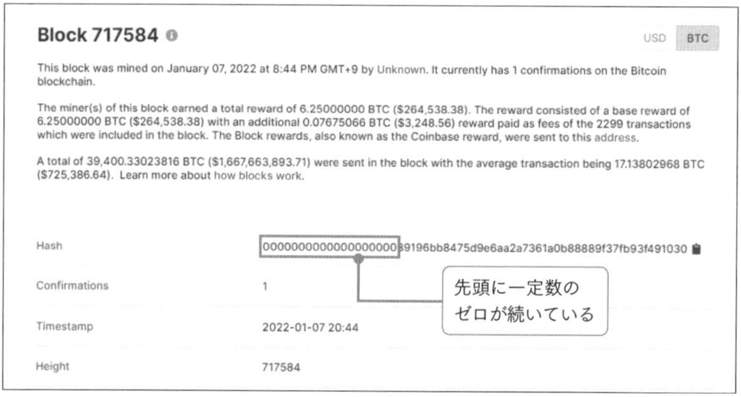

ビットコインのブロック情報の一例。ハッシュ値の先頭にゼロが続いている。
https://www.blockchain.com/btc/block/000000000000000000039196bb8475d9e6aa2a7361a0b88889f37fb93f491030

実際のハッシュ値の計算では、前のブロックの情報だけでなく、ナンスというある使い捨ての数字を加えてハッシュ値を算出します。ナンスがある特定の値になったとき、ハッシュ値の計算結果が、先頭にゼロが19個続くという特別な形になります。しかし、**この特定の値を探し出すのが大変**なのです。基本的にはナンスの値を変えながら総当たりでの計算をするしかなく、コンピュータの膨大な計算能力が必要となります。

そして、この総当たりの計算を、多くの人が競い合って実施しています。**最初に条件に合う答えを見つけた人に、ビットコインでの報酬が支払われる**からです。

また、インプットとなる「前のブロックの情報」についても、実例を見てみましょう。おそらく、想像されているよりもはるかにたくさんの情報が含まれています。

ブロックチェーンでは基本的に10分間に1回の頻度でブロックを生成しますが、この10分間の間に行われた全てのトランザクション（取引）の情報が、各ブロックに含まれているのです。

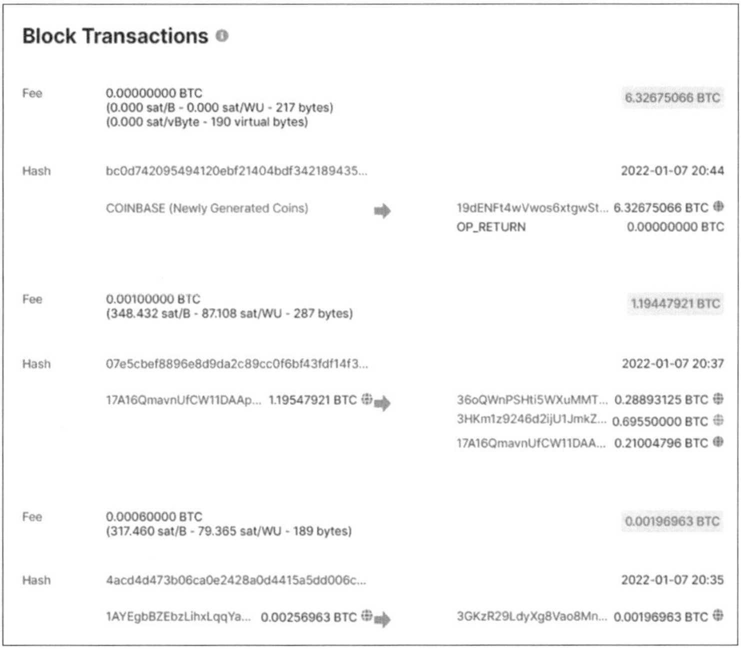

Block Transactions

Fee 0.00000000 BTC
(0.000 sat/B - 0.000 sat/WU - 217 bytes)
(0.000 sat/vByte - 190 virtual bytes)
6.32675066 BTC

Hash bc0d742095494120ebf21404bdf342189435... 2022-01-07 20:44

COINBASE (Newly Generated Coins) → 19dENFt4wVwos6xtgwSt... 6.32675066 BTC
OP_RETURN 0.00000000 BTC

Fee 0.00100000 BTC
(348.432 sat/B - 87.108 sat/WU - 287 bytes)
1.19447921 BTC

Hash 07e5cbef8896e8d9da2c89cc0f6bf43fdf14f3... 2022-01-07 20:37

17A16QmavnUfCW11DAAp... 1.19547921 BTC → 36oQWnPSHti5WXuMMT... 0.28893125 BTC
3HKm1z9246d2ijU1JmkZ... 0.69550000 BTC
17A16QmavnUfCW11DAA... 0.21004796 BTC

Fee 0.00060000 BTC
(317.460 sat/B - 79.365 sat/WU - 189 bytes)
0.00196963 BTC

Hash 4acd4d473b06ca0e2428a0d4415a5dd006c... 2022-01-07 20:35

1AYEgbBZEbzLihxLqqYa... 0.00256963 BTC → 3GKzR29LdyXg8Vao8Mn... 0.00196963 BTC

高頻度でブロックが生成されている。
https://www.blockchain.com/btc/block/000000000000000000039196bb8475d9e6aa2a7361a0b88889f37fb93f491030

この図では3個のトランザクションが表示されています。それぞれが、誰から誰へ、いくらのビットコインを受け渡ししたかという情報となっています。

この画面に表示されている情報は、全体のうちのごく一部です。例示したブロック（Block 717584）には、上記のようなトランザクションが2,299個含まれていました。もちろん、ブロックによって記録されている取引の数は異なりますが、かなりの情報量です。

これらの全ての情報をインプットとした上で、ナンスを加えてハッシュ値の計算をして、その結果が先頭にゼロが19個並ぶようにするということが、計算競争の具体的な内容なのです。

ブロックチェーンという素晴らしいビジネスデザイン

この仕組みこそが、天才しか思いつけない素晴らしいビジネスデザインなのだと思います。

ブロックチェーンで新たに取引した内容がある程度(この例では2,299個)溜まった段階で、その取引を承認し、ブロックを生成するための計算競争にかけます。初めてハッシュ計算に成功した人には、報酬とともに新たなブロック(この例ではBlock 717584)を生成する権利が与えられます。そして、その後も繰り返し操作が実施されます。次の数千個のトランザクションが溜まれば、また計算競争にかけて、誰かが次のブロックを作ります。こうやって、ブロックが連鎖していきます。

報酬をうまく活用することで、多くの人が参加するほどシステム全体の信頼性が高まっていくという構造になっているのです。

ブロックは、約10分に1回生成されます。正確には、ブロックを生成するための計算競争が10分に1回程度で完了するように、先頭につけるゼロの数を調整する仕組みになっています。ゼロの数を増やすほど、難易度が上がり計算完了までの時間が長くなります。

先ほどの例では「Block 717584」と記載されていましたが、これはビットコインの実運用が始まってから71万7,584個目のブロックであることを示しています。このブロックは、2022年1月7日に作られました。

ビットコインの実運用が始まったのが2009年1月12日なので、この時点で約13年が経過しています。単純平均で計算すると9.5分に1回の割合でブロックが生成されたことになり、ほぼ設計どおりの実績となっています。

なお、鋭い方は次のような点を疑問に思うかもしれません。1つのブロックだけでなく、後続のブロックもハッシュ値を含めて全て書き換えれば、改ざんが成功するのではないかという点です。

実は、その答えはYesです。

例えば、ある攻撃者が、改ざんしたブロックに連なるブロックを次々に作り出した場合は、ブロックチェーン上に本物と偽物の2つのチェーンができてしまいます。この際にどうやって本物を見分けるかについてですが、基本的に多数決になります。

ビットコインの例では、**チェーンが最も長いものが本物**というルールになっています。ハッシュ値の計算競争に勝ってブロックを作るには、かなりのコンピュータ計算能力が必要なので、長いチェーンを作成するには、とてつもなく膨大な計算能力が必要です。

一般的に偽物のチェーンを本物であると認めさせるには、計算競争に参加している計算能力の半数以上を、攻撃者が持つ必要があります（51%攻撃、と呼んでいます）。これが現実的でないという点で、「皆で信頼性を担保」という仕組みができあがっているのです。

これが、暗号化した情報が次々に連鎖するという、ブロックチェーンのコアとなる仕組みです。

23 ビットコイン - 仮想通貨の不動のナンバーワン

前のセクションでは、ブロックチェーンの仕組みについて学びました。ここで改めて、そのブロックチェーンを利用した初めての仮想通貨、ビットコインそのものについてご紹介しましょう。

KEYWORD

- ビットコイン
- 仮想通貨

仮想通貨の不動のナンバーワン

仮想通貨の代表格が、**ビットコイン**です。今では数千種類もの仮想通貨があると言われていますが、時価総額で過去から一貫して圧倒的な首位の座にあり、首位を明け渡したことがありません。仮想通貨の不動のナンバーワンと言ってよいでしょう。

しかし、そのビットコインの相場は乱高下を続けています。大幅な上昇局面や下降局面で、大金持ちになったり、逆に大金を失った人もいたりで、その度に社会的に大きな話題となっています。

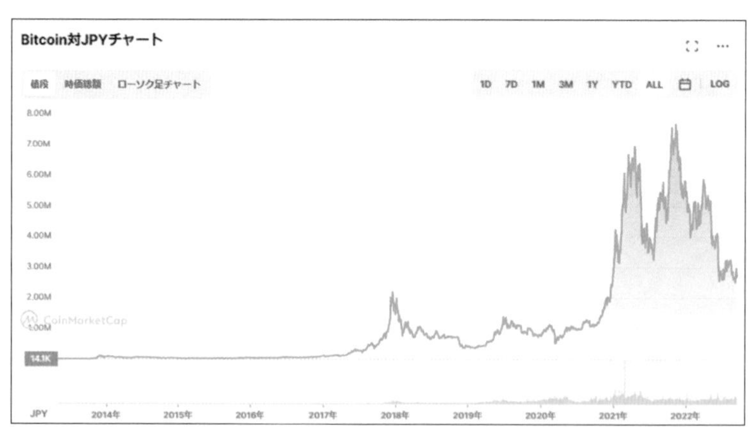

ビットコインの取引相場

https://coinmarketcap.com/ja/currencies/bitcoin/

ビットコインが誕生した2009～2010年頃は、まだ通貨としての価値は、ほぼありませんでした。初めて通貨として利用されたのは、ピザ2枚を10,000 BTCで買ったという話が有名です。BTCとは、ビットコインの通貨単位です。

2011年に入り、TIME誌で特集が組まれるなど多くの人に認知され、1 BTCが80円程度の価値まで上昇しました。その後も上下動を繰り返しながら、どんどんと価値が高まっていきました。2018年の急上昇では、1 BTCが200万円を超える局面もあり、2021年の急上昇では、なんと1 BTCが700万円を超えました。

今でもビットコインの価値は激しく揺れ動いており、安定した価格水準とはなっていません。

ビットコインは、仮想通貨にブロックチェーンの技術を応用したものです。

そのため、ビットコインが誕生してから現在に至るまでの全ての取引（トランザクション）の履歴がブロックチェーン上に記録されており、公開されています。公開されている情報は、いくつかのウェブサイトでも確認できます。

確認してみると、一番最初のトランザクションは、2009年1月12日に生成されています。

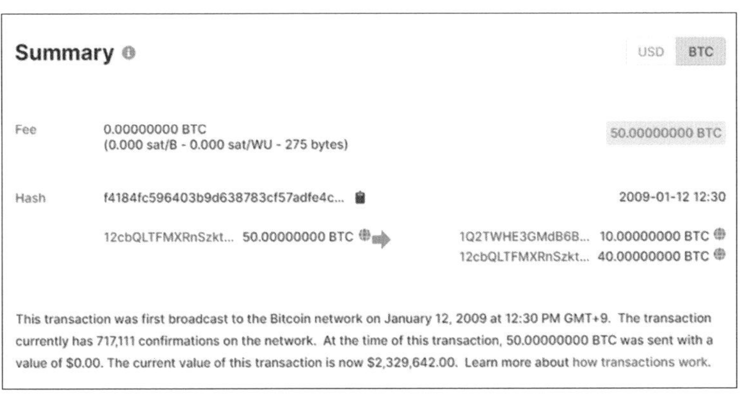

一番最初のトランザクションの内容。全ての取引履歴が公開されており、誰でも確認できる。

https://www.blockchain.com/btc/tx/f4184fc596403b9d638783cf57adfe4c75c605f6356fbc91338530e9831e9e16

このトランザクションは、ブロックチェーンの創設者とされている謎の人物であるサトシ・ナカモトから、ハル・フィニー(Hal Finney)という人物(故人)へ10 BTCを送ったという内容になっています。

サトシ・ナカモト - 謎のビットコイン創設者

ブロックチェーンやビットコインは、謎の人物であるサトシ・ナカモトによって作り出されました。

次の論文が公開されたのが、2008年10月31日のことでした。

Bitcoin: A Peer-to-Peer Electronic Cash System

Satoshi Nakamoto
satoshin@gmx.com
www.bitcoin.org

Abstract. A purely peer-to-peer version of electronic cash would allow online payments to be sent directly from one party to another without going through a financial institution. Digital signatures provide part of the solution, but the main benefits are lost if a trusted third party is still required to prevent double-spending. We propose a solution to the double-spending problem using a peer-to-peer network. The network timestamps transactions by hashing them into an ongoing chain of hash-based proof-of-work, forming a record that cannot be changed without redoing

サトシ・ナカモトによる論文の冒頭部分

https://bitcoin.org/bitcoin.pdf

この論文の冒頭（Abstract）は、このように始まっています。

> 純粋なピアツーピア版の電子マネーがあれば、金融機関を通さずに当事者間で直接オンライン決済ができるようになるだろう。

サトシ・ナカモトの論文より筆者訳

ピアツーピアとは、中央の管理組織を必要とせず、利用者の当事者同士が直接やりとりできる通信方式を指しています。

まさに、この論文はこの後のビットコインの世界的な普及を予言しており、DAO（分散型自立組織）等の分散型管理の萌芽となることも意図されています。

2. Transactions

We define an electronic coin as a chain of digital signatures. Each owner transfers the coin to the next by digitally signing a hash of the previous transaction and the public key of the next owner and adding these to the end of the coin. A payee can verify the signatures to verify the chain of ownership.

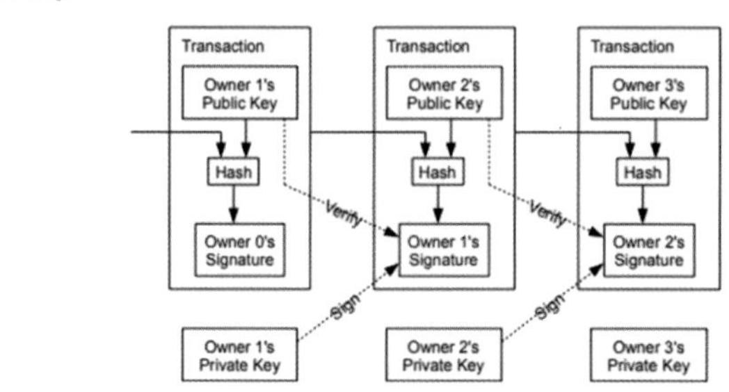

論文中で示されているブロックチェーンの仕組み

https://bitcoin.org/bitcoin.pdf

論文の中では、ブロックチェーンの具体的な仕組みも簡潔に示されています。まさに、先ほど説明してきたような、ハッシュ関数を使ってブロックが連鎖する仕組みが描かれています。

このサトシ・ナカモトが誰だったのかについては、現在明らかになっていません。

オーストラリアのコンピュータ科学者であるクレイグ・ライト(Craig Wright)氏は、自らがサトシ・ナカモトであると自称していますが、それを認める人も認めない人もいて、いまだに決着がついていません。

クレイグ・ライト氏

https://craigwright.net/

2021年12月には、彼のビジネスパートナーであったとされる人物(故人)の遺族が、彼を訴えたという裁判があり、サトシ・ナカモトの正体が確認されるかもという期待とともに世界中でニュースになりました。

結果としては、部分的な損害賠償について命じられたものの、彼がビットコインの発明者(サトシ・ナカモト)であるかどうかという世界中の関心事項については、何ら新しい進展はありませんでした。

他にも、金子勇さん(故人)というWinny(ピアツーピアネットワークを使ってファイルをやりとりする仕組み)の開発者がサトシ・ナカモトであったという説など、様々な推測はあるのですが、本人の正体は本書執筆時点(2023年2月)でも、謎のままです。

24 イーサリアム - 様々なサービスのプラットフォーム

ブロックチェーン技術とビットコインが誕生したのが、2009年のことでした。

その後、2015年に、ビットコインとは違う特徴を持ち合わせた新しい仮想通貨のプラットフォームとして、イーサリアムが誕生します。ブロックチェーンの技術をベースとして、様々なプログラムを開発できるようになっているのが特徴です。

イーサリアムによって、仮想通貨だけでなく、DeFi、NFTといった多様なサービスが生まれることになりました。

KEYWORD

- イーサリアム
- 仮想通貨

様々なサービスを作り出すプラットフォーム

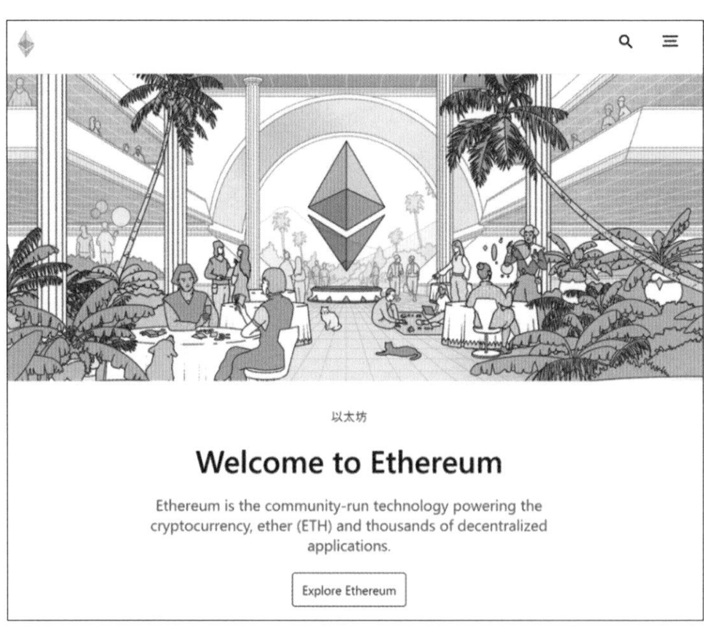

イーサリアムのウェブサイト

https://ethereum.org/

ビットコインは、ブロックチェーン上で実現した仮想通貨でした。仮想通貨としての価値を担保して、他者へ送金できるという点が大きな特徴でした。

その一方で、新しく開発された**イーサリアム**は、**ブロックチェーン上に構築する様々なアプリケーションのプラットフォーム**となることを目指して作られています。

なお、イーサリアム上で使われる仮想通貨は、ETH（イーサ）と呼ばれています。

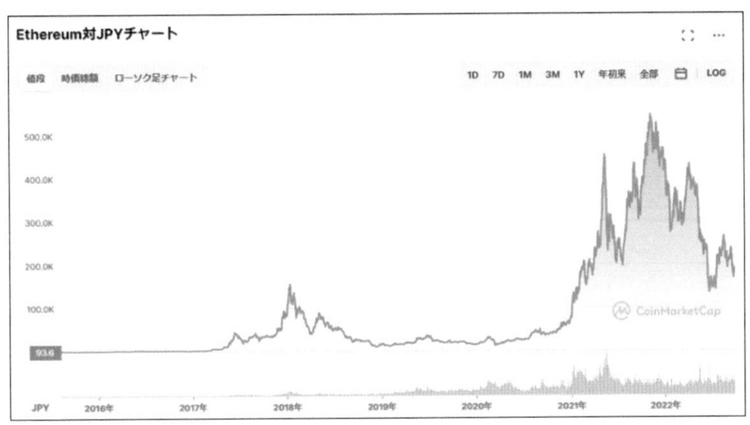

イーサの取引相場

https://coinmarketcap.com/ja/currencies/ethereum/

ETHの取引が始まった2016年当初は1 ETHあたり数百円程度の価値でしたが、2018年に10万円以上へと値上がりします。その後、相場はしばらく落ち着きましたが2021年になって急激に値上がりし、一時期は50万円以上へと値上がりしました。

その後急落し、2022年の半ばには14万円程度にまで落ち込み、その後に20万円前後となっています。ビットコインと同様に、現在でも非常に価値変動が激しいという状況です。

ただ、いずれにしても仮想通貨が百花繚乱の時代にあって、ダントツのシェア1位がビットコインであり、それに次ぐ不動の第2位の座にあるのがイーサリアムです。

DeFiやNFTといった市場を席捲するサービスが、主としてイーサリアムを前提に構築されていることもあり、このように人気に拍車がかかっている状態です。

そして、イーサリアムがこのように様々なサービスを作り出す基盤となれた理由が、次のセクションで説明するスマートコントラクトです。

25 スマートコントラクトとは

イーサリアムは多くの特徴を持っていますが、その目玉となるのが「スマートコントラクト」という機能です。この機能を使えば、仮想通貨のやりとり（取引）のルール、つまり、「どのような条件を満たせば、誰から誰へ、いくらの通貨を送るかといったルール」を、自由にプログラミングできるのです。

KEYWORD

- イーサリアム
- スマートコントラクト
- 取引ルール

取引ルールを自由にプログラミングできる

スマートコントラクトとは、取引に関する様々なルールを、仮想通貨自体にプログラムとして埋め込み、それを自動で実行させることができる機能です。

```
// SPDX-License-Identifier: GPL-3.0
pragma solidity ^0.8.4;

contract Coin {
    // The keyword "public" makes variables
    // accessible from other contracts
    address public minter;
    mapping (address => uint) public balances;

    // Events allow clients to react to specific
    // contract changes you declare
    event Sent(address from, address to, uint amount);

    // Constructor code is only run when the contract
    // is created
    constructor() {
        minter = msg.sender;
    }

    // Sends an amount of newly created coins to an address
    // Can only be called by the contract creator
    function mint(address receiver, uint amount) public {
        require(msg.sender == minter);
        require(amount < 1e60);
        balances[receiver] += amount;
    }
```

```
    // Errors allow you to provide information about
    // why an operation failed. They are returned
    // to the caller of the function.
    error InsufficientBalance(uint requested, uint available);

    // Sends an amount of existing coins
    // from any caller to an address
    function send(address receiver, uint amount) public {
        if (amount > balances[msg.sender])
            revert InsufficientBalance({
                requested: amount,
                available: balances[msg.sender]
            });

        balances[msg.sender] -= amount;
        balances[receiver] += amount;
        emit Sent(msg.sender, receiver, amount);
    }
}
```

スマートコントラクトのプログラムの一例

https://docs.soliditylang.org/en/v0.8.4/introduction-to-smart-contracts.html

上の例では、「creator」という役割の人だけが新しいコイン、すなわち仮想通貨を発行できる、誰でもお互いにコインを交換できるといった条件やルール等をプログラミングしています。

ちなみに、スマートコントラクトではSolidityというプログラミング言語が使われています。

スマートコントラクトを使えば、仮想通貨取引、マーケットプレイス、ゲームなど様々な分野で、自由に取引ルールを作り、それを自動実行できる非常に信頼性の高いアプリケーションを作ることができます。

これらのアプリケーションを、**DApps**（ダップス）(Decentralized Applications：分散型アプリケーション)と呼びます。

Chapter 1で紹介したように、DeFi(分散型金融)では需要と供給に応じて利率を自動算定するなど様々な処理が自動実行されるのですが、これらの機能はこのスマートコントラクトによって実現されています。

そして、この仕組みがあるからこそ、特定の仲介者や管理主体を必要としない形で、分散型のサービスを提供できるようになったのです。

ヴィタリック・ブテリン - イーサリアムの創設者

ヴィタリック・ブテリン氏は、ロシアに生まれ、6歳のときにカナダのトロントに移住しました。

小学生の頃から数学やコンピュータ・プログラミングに強い興味を示していて、「ギフテッド教育」を授けられたそうです。ギフテッド教育とは、突出した才能を持つ子どもに対して、その能力に合わせたカリキュラムで教育を行うことです。

Vitalik Buterin

文A 27 languages

Article Talk Read Edit View history

From Wikipedia, the free encyclopedia

In this name that follows Eastern Slavic naming conventions, the patronymic is Dmitriyevich and the family name is Buterin.

Vitaly "Vitalik" Buterin (born 1994) is a Russian-Canadian computer programmer, and founder of Ethereum. Buterin became involved with cryptocurrency early in its inception, co-founding *Bitcoin Magazine* in 2011.[2][3][4] In 2014, Buterin deployed the Ethereum blockchain with Dimitry Buterin,[citation needed] Gavin Wood, Charles Hoskinson, Anthony Di Iorio, and Joseph Lubin.[5][6][7]

Early life and education [edit]

Buterin was born in Kolomna, Russia, in 1994.[8][9] His father was a computer scientist.[8] He lived in the area until the age of six, when his parents emigrated to Canada in search of better employment opportunities.[10] While in grade three of elementary school in Canada, Buterin was placed into a class for gifted children and was drawn to mathematics, programming, and economics.[11] Buterin then attended The Abelard School, a private high school in Toronto.[12] Buterin learned about Bitcoin from his father, Dimitry Buterin, at the age of 17.[10]

After high school, Buterin attended the University of Waterloo. There, he took advanced courses and was a research assistant for cryptographer Ian Goldberg, who co-created Off-the-Record Messaging and was the former board of directors chairman of the Tor Project.[13][14] In 2012, Buterin won a bronze medal in the International Olympiad in Informatics in Italy.[15]

In 2013, he visited developers in other countries who shared his enthusiasm for code. He returned to Toronto later that year and published a white paper proposing Ethereum.[16] He dropped out of university in 2014 when he was awarded with a grant of $100,000 from the Thiel Fellowship, a scholarship created by venture capitalist Peter Thiel and went to work on Ethereum full-time.[17]

On 30 November 2018, Buterin received an honorary doctorate from the Faculty of Business and Economics of the University of Basel on the occasion of the Dies Academicus.[18]

Vitalik Buterin
Виталий Бутерин

Buterin in 2015

Born	1994 (age 28–29) Kolomna, Russia
Nationality	Russian Montenegrin[1]
Education	University of Waterloo
Known for	Ethereum, *Bitcoin Magazine*
Awards	Thiel Fellowship
	Scientific career
Fields	Digital contracts, digital currencies, game theory
Website	vitalik.ca

イーサリアムの創設者 ヴィタリック・ブテリン氏

https://en.wikipedia.org/wiki/Vitalik_Buterin

彼は、トロントにあるAberald Schoolという高校に入学し、そこで4年間を過ごします。彼はこの高校で過ごした期間が、最も生産的で素晴らしい日々であったと後に述懐しています。この高校時代にビットコインに興味を持ち、雑誌Bitcoin Magazineを創刊します。

その後、大学時代にビットコインに汎用的なプログラミング言語を導入すべきと提案しますが、ビットコインの運営コミュニティから同意を得ることができなかったため、イーサリアムを作ることになりました。

イーサリアムの立ち上げ

彼がイーサリアムの最初のホワイトペーパーを発表したのは、2013年、彼がまだ19歳のときです。その頃の動画が、YouTubeにも残っています。

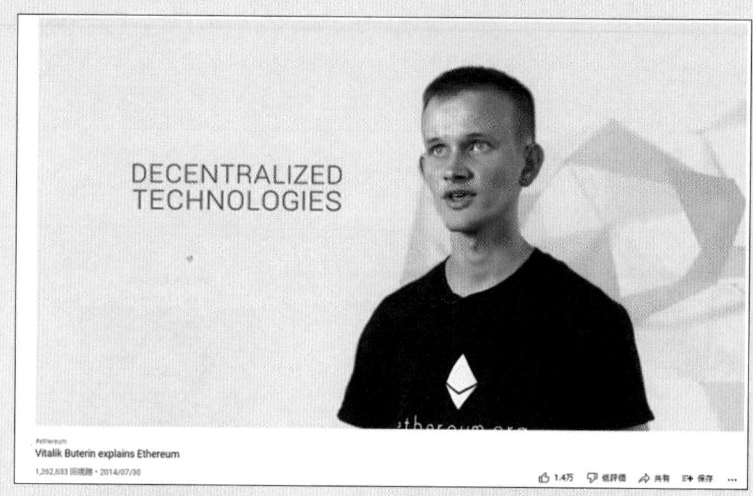

イーサリアムの最初のホワイトペーパー発表時の動画
https://www.youtube.com/watch?v=TDGq4aeevgY

イーサリアムのホワイトペーパーは、イーサリアムのウェブサイトで確認できます。

前半はビットコインについて説明されており、後半でイーサリアムのコンセプトや特徴について説明しています。

HOME / WHITEPAPER

Page last updated: January 6, 2022

Ethereum Whitepaper

This introductory paper was originally published in 2013 by Vitalik Buterin, the founder of Ethereum, before the project's launch in 2015. It's worth noting that Ethereum, like many community-driven, open-source software projects, has evolved since its initial inception.

While several years old, we maintain this paper because it continues to serve as a useful reference and an accurate representation of Ethereum and its vision. To learn about the latest developments of Ethereum, and how changes to the protocol are made, we recommend this guide.

A Next-Generation Smart Contract and Decentralized Application Platform

Satoshi Nakamoto's development of Bitcoin in 2009 has often been hailed as a radical development in money and currency, being the first example of a digital asset which simultaneously has no backing or "intrinsic value" and no centralized issuer or controller. However, another, arguably more important, part of the Bitcoin experiment is the underlying blockchain technology as a tool of distributed consensus, and attention is rapidly starting to shift to this other aspect of Bitcoin. Commonly cited alternative applications of

ON THIS PAGE

- A Next-Generation Smart Contract and Decentralized Application Platform
- Introduction to Bitcoin and Existing Concepts
  - History
  - Bitcoin As A State Transition System
  - Mining
  - Merkle Trees
  - Alternative Blockchain Applications
  - Scripting
- Ethereum
  - Ethereum Accounts
  - Messages and Transactions
  - Messages
  - Ethereum State Transition Function
  - Code Execution

イーサリアムのホワイトペーパー

https://ethereum.org/en/whitepaper/

2014年2月には、イーサリアムのプロトタイプも発表されました。

イーサリアムのプロジェクトには、本人を含めて8人の共同創設者がいます。

- Vitalik Buterin
- Gavin Wood
- Mihai Alisie
- Anthony Di Iorio
- Jeffrey Wlicke
- Charles Hoskinson
- Amir Chetrit
- Joseph Lubin

もともとはヴィタリック・ブテリン氏と ギャビン・ウッド氏(Gavin Wood)が設立し、その後に6名が加わったという形です。ギャビン・ウッド氏は、後にポルカドット等のサービスや、非営利団体Web3 Foundationを設立することになる人物です。詳細はP.161のコラムで紹介します。

後に、ヴィタリック・ブテリン氏は、8人の共同創設者を作ったことを後悔していると発言しています。

返信先: @sunnya97さん

The whole "8 cofounders" thing (and choosing them so quickly and nondiscriminately).

午前10:49 · 2021年9月2日 · Twitter Web App

共同創設者を作ったことについてのツイート

https://twitter.com/VitalikButerin/status/1433245736641040384

8人の共同創業者を、急いであまり注意せずに選んでしまったこと（を後悔している）」とのことです。8人も共同創業者がいたことで、意見の調整が非常に難しかったようです。

後に、イーサリアムをアップデートするというプロジェクト（イーサリアム2.0）が遅延したのですが、これも技術的な問題ではなく人の問題であったと、ヴィタリック・ブテリン氏が語っています。

また、彼はスマートコントラクトというネーミングについても後悔しているようです。

Replying to @CleanApp @cryptoecongames and 4 others

To be clear, at this point I quite regret adopting the term "smart contracts". I should have called them something more boring and technical, perhaps something like "persistent scripts".

2:21 AM · Oct 14, 2018 · Twitter Web Client

スマートコントラクトというネーミングについてのツイート

https://twitter.com/VitalikButerin/status/1051160932699770882

> はっきり言って、この時点で「スマートコントラクト」という言葉を採用したことをかなり後悔しています。もっと退屈で技術的な、「persistent scripts（永続的なスクリプト）」とでも呼べばよかったのです。

ヴィタリック・ブテリン氏のツイートより筆者訳

ブロックチェーン上で永続的に動くプログラムという意味では、確かにスマートコントラクトという名前よりも、このような名前のほうが実態を表しているように思います。

いろいろと後悔もあるようですが、いずれにしても彼は20代にして10億ドル以上の資産を獲得し、仮想通貨分野のビリオネアとして知られています。

26 イーサリアムの規格

イーサリアムでは、スマートコントラクトを使って自由にプログラミングすることができます。
とはいえ、様々なサービスが相互に連携できるように規格が定められています。それはERC（Ethereum Request for Comment）という名前で呼ばれています。

KEYWORD
- ERC-20
- ERC-721
- ERC-1155
- NFT

イーサリアムの重要規格

イーサリアムには様々なERCと呼ばれる規格が存在しますが、その中でも特に重要なものがERC-20、ERC-721、ERC-1155の3つです。

重要な3つの規格の位置付け

ERC-20は、FT（Fungible Token）、つまり交換可能なトークンの規格です。交換可能なトークンとは、まさに仮想通貨そのものに使われる仕組みです。

現実社会で十円玉に区別がなく、どの十円玉も等価に交換できることと同じです。ERC-20で作成された台帳データの中でも、Aさんが持つ10 ETHと、Bさんが持つ10 ETHを等価なものとして、交換、統合、分割できるような仕組みを実現できます。

イーサリアムをベースとした仮想通貨は、基本的にこのERC-20に準拠したかたちで作られています。

一方で、**ERC-721**は、NFT（Non-Fungible Token）の規格です。等価交換できない「一品物」をスマートコントラクトで扱うための規格になっています。

現在流通しているNFTは、ERC-721をベースとしているものが大多数です。NFTについてはもともと規格が統一されていたので、様々なウォレットやマーケットプレイスが実際にERC-721をベースとしており、それらのNFTは互換性が高くなっています。

実際のNFT関連サービスは、ERC-721を中心としたこのような標準規格に則ってプログラミングをすることで形づくられています。

もちろん、ベースとなる規格は同じといえども、その規格を前提としたサービスについては、付加機能、手数料の設定、サイトの視認性や使いやすさ、コンテンツや登録ユーザーの多さなど、様々な面で各社が切磋琢磨している状況です。また、ERC-721は、あくまでNFTを作るための「ひな形」というか「部品群」に過ぎません。この規格をベースとして自由にプログラミングをすることができるので、手数料（ガス代）のかかるタイミングや対象を調整したり、ロイヤリティの形で二次流通でも原作者に還元したりといった、様々な取引形態を自由に実現できるのです。

なお、後発の**ERC-1155**も期待されている規格です。MetaMaskというメジャーな仮想通貨ウォレットが十分に対応できていなかった等の理由で、まだ主流にはなっていませんが、今後の普及が期待されています。

27 Web3の実体はDApps

これまで説明したように、Web3の様々なアプリケーションは、スマートコントラクトをベースとして作られており、これらのアプリケーションを、DAppsと呼ぶのでした。

KEYWORD
- DApps
- 分散型アプリケーション

様々な分野に活用されるDApps

DAppsの適用分野は非常に多岐にわたっていて、全貌をつかむことすら困難です。とはいえ、うまくこの世界を分類したグレイスケール社によるレポートがあるので、内容を見てみましょう。

分散型金融 (DeFi)	NFT	分散型ガバナンス	分散型クラウドサービス	自己主権型アイデンティティ
プログラミングを可能とする機能(スマートコントラクト)				
トランザクション管理機能(ブロックチェーン技術)				
ピアツーピアネットワーク				

グレイスケール社のレポートをもとに作成したDAppsの分類図

作成元：https://grayscale.com/wp-content/uploads/2021/11/Grayscale_Metaverse_Report_Nov2021.pdf

この図の中で、下の3階層はアプリケーションが動くためのインフラ部分です。ピアツーピアのネットワークが土台にあり、ブロックチェーン技術として取引(トランザクション)を管理する機能、その機能をベースとしながらプログラミングを可能とする機能(つまり、スマートコントラクト)があります。

注目してほしいのは、上段にある5種類のサービスです。ここが**Web3としてのサービスの中心部分**であり、DAppsとしてのバリエーションをうまく分類しています。

グレイスケール社のレポートでは、各分類の具体例として、次のようなものが挙げられています。日本語訳は著者によるものなので、正確な表現については原典を確認してください。ここに挙げた以外にも様々なサービスが生まれていますが、まずはDAppsとして様々な適用分野があるということを実感していただければと思います。

▶ 分散型金融(DeFi)

- アグリゲーター
- DeFiプリミティブ
- オラクル
- データ
- マーケットプレイス
- 価値の単位 - "インターネットマネー"

▶ NFT

- 造幣局
- マーケットプレイス
- トークン標準
- メタデータの標準化
- ハイブリッドNFT+FT
- 物理的に換金可能なNFT

▶ 分散型ガバナンス

- DAOフレームワーク
- 投票機構
- ステーキングとスラッシング
- 多人数用ウォレット
- コミュニティ監査

▶分散型クラウドサービス

- ストレージ
- 計算機
- データベース
- クエリとAPI

▶自己主権型アイデンティティ

- DID(Decentralized Identifier)
- 検証可能な請求権
- クリエイターコイン

Web3の典型的なDApps

実際にどのようなDAppsがあるのか、抽象的な言葉で説明するよりも、具体事例で紹介したほうが分かりやすいかもしれません。

別のレポート（マット・ザーゴ氏のmediumへの投稿記事）では、DAppsを利用者から見た用途別に分類し、Web2.0時代のアプリと比較しています。

ウェブブラウザでは、Web2.0の世界ではChrome等がメジャーでしたが、Web3の世界ではBraveという新しいブラウザがあります（次チャプターで詳述します）。

ファイル保管（ストレージ）でも、Web2.0の世界ではDropboxやGoogle Drive等がメジャーでしたが、Web3の世界ではIPFSという新しい仕組みがあります（次チャプターで詳述します）。

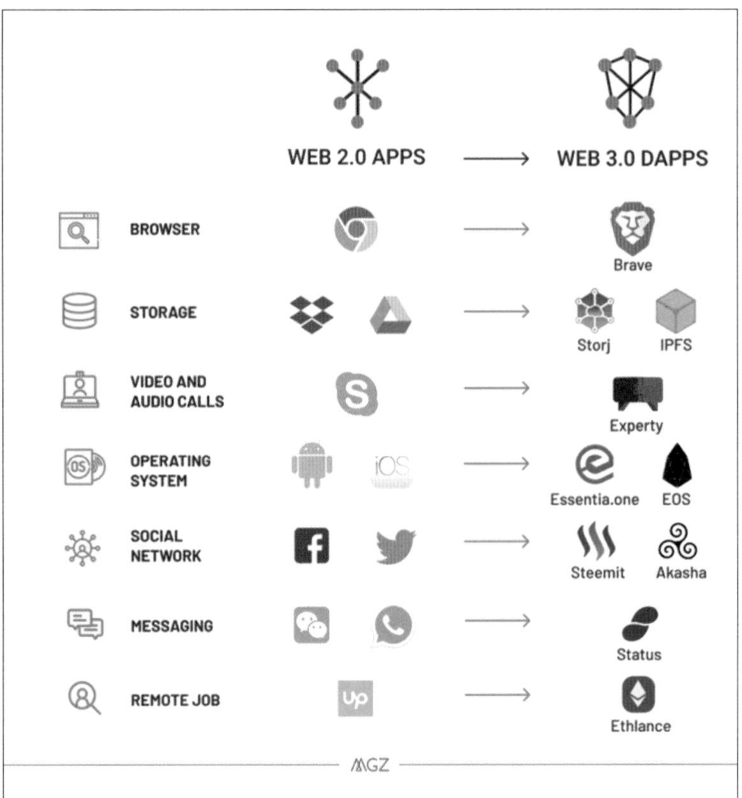

マット・ザーゴ氏による利用者の用途別のDApps分類図
https://medium.com/@essentia1/why-the-web-3-0-matters-and-you-should-know-about-it-a5851d63c949

このように、今まで（Web2.0時代）はブロックチェーン技術を全く使わない世界の中で様々なサービスが提供されていましたが、今後はブロックチェーン技術を応用した新しく画期的なサービスが次々と生まれると予想されています。

28 イーサリアムの進化

前チャプターで説明したように多様なDAppsを作成できることもあり、イーサリアムの利用は加速度的に増えていきました。しかし、多くの取引に利用されることによって、イーサリアムの弱点も顕在化してきました。大量の取引をこなす処理能力が不足していて、個々の取引に必要となる手数料が高額になるという点です。

この弱点を理解するためには、ブロックチェーンでブロックを1つずつ増やしていく際に使われるアルゴリズムである、PoWとPoSという2つの方式を理解することが不可欠ですので、ここから解説しましょう。

KEYWORD

- PoW
- PoS
- コンセンサス・アルゴリズム
- イーサリアムの弱点
- 性能の問題
- ガス代
- The Merge

PoW：世界中の人が必死に競争する仕組み

もともと、ビットコインが生まれたときに発明されたのが、**PoW**（Proof of Work）という仕組みです。直訳すると「仕事量によって証明する」という意味です。

ブロックチェーンでは中央管理者がいないので、ネットワーク上の各取引が正しいかどうかを、参加者全員で確認して合意することが必要です。この合意のための手法を、「**コンセンサス・アルゴリズム**」と呼んでいます。ビットコインを始め、初期の仮想通貨は全て、コンセンサス・アルゴリズムとしてPoWを採用していました。

ブロックチェーンの技術的な仕組みは既に説明しましたが、定期的に計算競争が行われ、ネットワークの参加者（マイナー）は、高性能なコンピュータを活用し相当な電力を使って競い合います。その競争に勝利した人が、新たなブロックを作る権利を得るとともに、仮想通貨での報酬を受け取ります。

この仕組みは、ブロックチェーンを改ざんするという不正行為に対して、大きなハードルとなります。他の参加者と競争しながら、後続のブロックを次々と書き換えることができないと、改ざんが成功しないからです。これが実行できる圧倒的なコンピューティングパワーを持つ人が現実的には存在しないからこそ、ブロックチェーン全体の信頼が保たれています。

つまり、コンピューティングパワーで競い合うこと(Work)によって、各取引の信頼性を保証(Proof)しているのです。

PoWの仕組みはうまく機能し、ビットコイン等の大躍進につながりました。一方で、1人の勝者を選ぶために、世界中のコンピュータが膨大な計算力と電力を消費するという方法は、全く効率的なものではありません。

多くのマイナーがより高性能なコンピュータを使って競争を激化させたことで、マイナーが参入するには相当な初期投資が必要となっています。そして、世界中で相当な電力量が消費されてしまい、地球環境にマイナス影響を与えかねないとまで指摘されています。

PoS:競争なしで合意形成できる仕組み

そこで登場したのが、新たなコンセンサス・アルゴリズムである**PoS**(Proof of Stake)という仕組みです。

利用者が保有する仮想通貨の保有量(Stake)が大きいほど、ブロックを作る権利を得やすくするという方式が、この仕組みの根幹部分です。

もう少し具体的に説明すると、仮想通貨の保有量と保有期間によって、「コイン年齢」が計算されます。この値が大きいほど、ブロック接続権(新たなブロックを作る権利)の割り当てを得られやすくなっているのです。

この仕組みの背景には、仮想通貨を多く保有している人ほど、その仮想通貨の価値を下げるような不正をしないという考えがあります。

なお、DeFiを説明したChapter 1の最後で、「ステーキング」についても簡単に触れました。仮想通貨を多く保有する人が、自らブロック作成作業を行って直接的に報酬を得るのは大変です。そこで、仮想通貨を取引所などへ預けた上で間接的に報酬を得るという仕組みが、ステーキングです。もちろん、PoW方式の仮想通貨ではステーキングは行えず、PoS方式の仮想通貨である必要があります。

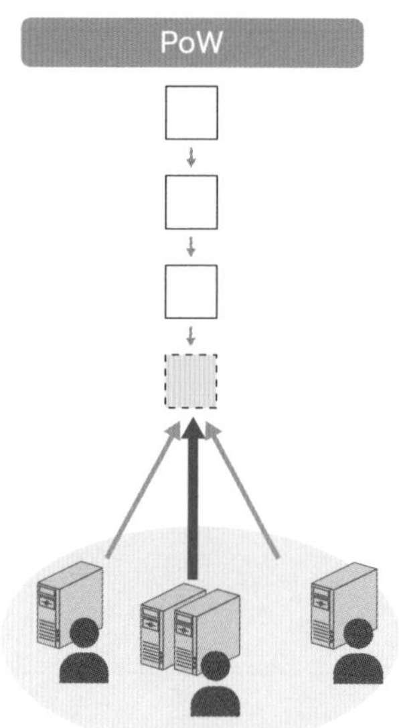

新しいブロックを作る権利を
計算競争で決定

PoS

10 ETH
50 ETH
5 ETH
ETH

新しいブロックを作る権利を
保有する仮想通貨の量と期間に基いて決定

PoWとPoSの違い

イーサリアムの弱点

さて、イーサリアムも2015年の開始当初からPoW方式を採用していました。このことに由来して、イーサリアムの利用が広がるにつれて、その弱点も顕在化してしまったのです。

1つ目が、**性能の問題**でした。

PoWでは定期的な計算競争が必要となるため、多数の取引を瞬時に処理するということが原理的に難しくなります。

当時のイーサリアムでは、15 TPS（1秒間に15トランザクション）程度しか処理することができませんでした。

なお、当然ながらビットコインも同様の問題を抱えており、7 TPSほどの性能となっています。ただ、ビットコインは仮想通貨としての利用がメインであるのに対して、イーサリアムでは仮想通貨として利用されるだけではありません。イーサリアムではスマートコントラクトを通じて様々なDAppsから処理要求が行われます。そのため、性能問題がクリティカルになってしまうのです。

なお、比較的新しい仮想通貨では、数千〜数万TPSという水準を実現しているものがあります。そういった仮想通貨とビットコインやイーサリアムとの性能差は、非常に大きなものとなっています。

特にイーサリアムではトランザクションを十分に処理しきれない事態がたびたび発生しており、次に説明するガス代高騰の要因となっていました。

2つ目が、**ガス代という手数料の問題**です。

スマートコントラクトを使えば様々な取引を自動実行できるのですが、その取引を完了させるためには、ガス代と呼ばれる手数料を、それを承認してくれたマイナーに支払う必要があります。例えば、誰かに仮想通貨を送金する場合に、その取引を承認してもらうためのガス代を提示しなければなりません。

承認作業を行うイーサリアムのマイナーにとって、提示されたガス代が報酬に直結します。そのためガス代が高く提示されている取引ほど優先的に作業を行います。つまり、ガス代を高く提示するほど取引が早く完了しますし、ガス代が少ないと承認に長く時間がかかることになります。

こうして、取引に対するガス代の相場が形成されているのですが、スマートコントラクトの利用数増大、ETH（イーサ）自体の価格上昇もあり、ガス代が非常に高騰しました。

イーサリアムが発足した当初は数円程度だったガス代が、2021年には数千円に跳ね上がり、高いときには数万円までの水準となってしまったのです。これでは、気軽に取引することが困難です。

そこで、イーサリアムを代替、補完するようなサービス(イーサリアムキラー)が、次々と登場しました。具体例については、次のセクションで説明します。

2022年9月、イーサリアムもPoSへ

イーサリアムキラーが多数出現してしまったのですが、本家のイーサリアムも負けてはいません。

性能と手数料の問題の根源はPoWの仕組みにあったので、これをPoSへ切り替えるためのプロジェクトを進めてきました。このプロジェクトのことを、イーサリアム2.0と呼んだり、"The Merge"(統合)と呼んだりしています。

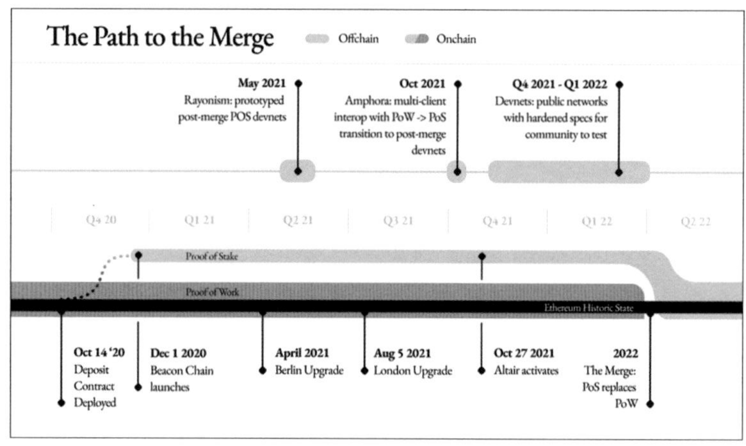

イーサリアムのPoSへの移行計画

https://blog.ethereum.org/2021/10/15/amphora-merge-milestone/

既にイーサリアム自体に多数の利用者と巨額の価値があることも踏まえ、部分的なアップデートを慎重に繰り返すスケジュールとなっていました。

このプロジェクトは、計画よりも遅延が続いていたものの、2022年9月15日に、ついにイーサリアムはPoSへの移行を完了しました。

これにより、性能面でも手数料の面でも、過去のイーサリアムの弱点が

抜本的に解決されることが期待されています。

実際に、PoS移行完了後の数か月の状況を見ても、手数料は低い水準で安定しています。ただ、2022年に入って仮想通貨全体の価格低下を受けて、イーサリアムのガス代も1年前に比べてかなり低下していたので、PoS移行後に劇的に下がったというわけではありません。

ただし、PoWからPoSへの移行で、電力消費が大幅に削減できます。一説によると、99.95%削減されるとも言われており、環境への影響面では大きな効果があったと言えるでしょう。

なお、イーサリアムのPoS移行が完了してからわずか数時間後に、米国のSEC(証券取引委員会)の委員長が、「PoSを基盤とする仮想通貨は、証券法の規制対象として該当する可能性が高い」と発言しました。この点については、Chapter 7で紹介します。

29 イーサリアムキラーのサービスとその仮想通貨

イーサリアムがPoSへの移行に時間を費やしているうちに、イーサリアムを代替するサービス(イーサリアムキラー)も台頭しました。
イーサリアムキラーは、大きく、レイヤー1とレイヤー2のサービスに分けることができます。

KEYWORD
- イーサリアムキラー
- レイヤー1
- レイヤー2

レイヤー1とレイヤー2の違い

イーサリアムキラーのサービスは、レイヤー1とレイヤー2の2種類に分けることができます。

レイヤー1とは、イーサリアム自体を代替し、性能面と価格面に優れた新たなブロックチェーンそのものを提供するという方針で作られたサービスです。

レイヤー2とは、多くの人が利用しているイーサリアム自体を母体としながら、個々の取引はイーサリアム以外で実施するという補完関係を作る方針で作られたサービスです。

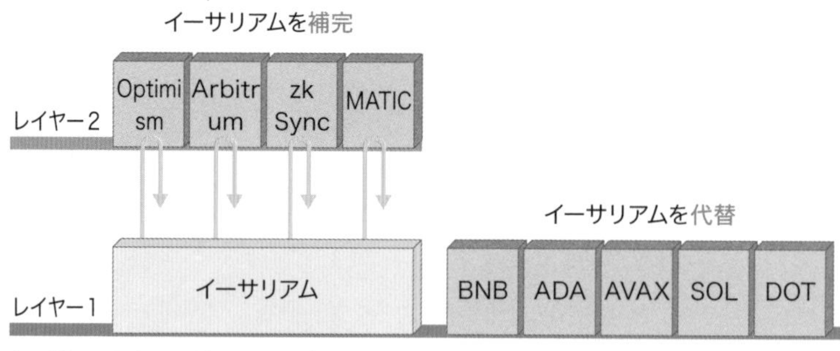

レイヤー1とレイヤー2の違い

レイヤー1のサービスとその仮想通貨

レイヤー1のサービスは、イーサリアムと同様にブロックチェーンそのものを提供しつつも、イーサリアムの短所を補う形で様々な工夫が行われています。

代表的なものとして、以下のサービスがあります。

なお、TPS（1秒間あたりのトランザクション数）の値については、調査時点や解釈によって大きく異なります。ここでは、1つの目安として、CoinHustle[注1]というウェブサイトを参考にしました。前述のように、イーサリアムは、15 TPS（1秒間に15トランザクション）程度です。

▶バイナンス・スマートチェーン（BNB）

https://www.binance.org/en/smartChain

130 TPS。大手の仮想通貨取引所「Binance」が2019年に作成した仮想通貨です。

イーサリアムと互換性があり、イーサリアムのスマートコントラクトをほぼそのまま移植することができることに加えて、イーサリアムよりも手数料を抑えることができます。そのため、特にDeFiの分野で多く利用されています。

▶カルダノ（ADA）

https://cardano.org/

250 TPS。なお、今後の開発プロジェクト（Hydra）では、100万TPSが目標とされています。専門家による査読を受け、厳密なテストを行ってアップデートすることが特徴です。

注1：https://www.dfinitycommunity.com/internet-computer-vs-layer-1-blockchains/

▶ アバランチ（AVAX）

https://www.avax.network/

4,500 TPS。ノード（接続しているコンピュータ端末）の数が増えても、一部のノードだけが特定のトランザクションを承認する方式を採用して、性能面を向上しています。

▶ ソラナ（SOL）

https://solana.com/

50,000 TPS。非常に性能が高く、手数料も非常に安い水準です。

PoH（プルーフオブヒストリー）という仕組みで取引をタイムスタンプで証明し、大幅な性能向上を実現しています。

▶ ポルカドット（DOT）

https://polkadot.network/

1,000 TPS。他のブロックチェーン（パラチェーン）等をつなげることが特徴です。

このサービスについては、次のチャプターで詳述します。

レイヤー2のサービスとその仮想通貨

レイヤーは「層」という意味ですが、多くの人が利用しているイーサリアム自体を「1層目」とした上で、その上に重なる形で「2層目」を作るのがレイヤー2のサービスです。2層目として、イーサリアムが行っている取引の一部を担うことで、性能向上や手数料削減を目指しています。

様々な手法がある中で、最近注目されているのが**ロールアップ**という技術です。ロールアップでは、トランザクションをオフチェーン（イーサリアムには記録しない仕組み）で実行し、トランザクションが完了したときにその有効性の証明だけをメインチェーン（イーサリアム）に書き込みます。これによりメインチェーンの負荷を減らすと同時にネットワークの混雑も減らせますし、手数料も削減できます。

▶ Optimism

https://www.optimism.io/

ロールアップの中でも、「**楽観的ロールアップ**」という技術を採用しています。簡単に言うと、「有罪が証明されるまでは無罪」という考え方です。

楽観的ロールアップでは、トランザクションが基本的に有効であると想定し、チャレンジ（検証要求）があった場合のみ、不正確認の計算を行います。つまり、各トランザクションは基本的に正当なものであるとして扱われます。なお、1～2週間の期間内にチャレンジが行われる可能性があるため、それまでは資金の引き出しができないようになっています。

▶ Arbitrum

https://arbitrum.io/

Optimismと同様に、「楽観的ロールアップ」を採用しています。

比較的早期に始まったこともあり、レイヤー2のサービスの中ではシェアが比較的高くなっています。

▶ zkSync

https://zksync.io/

こちらは、「**ゼロ知識ロールアップ**」という技術を採用しています。

楽観的ロールアップとは逆に、「無罪が証明されるまでは有罪」という考え方です。確実に検証された取引だけが、メインチェーンに書き込まれます。

▶ Polygon（MATIC）

https://polygon.technology/

Polygonはアート作品等（NFT）を売買する仕組みでも使われ、イーサリアムと比べて取引手数料が非常に安いことから利用が広がりました。

Polygonは**サイドチェーン**（メインチェーンと独立した関係のないブロックチェーン）という技術を使っています。サイドチェーンでは、ロールアップとは異なり、トランザクション完了時にもメインチェーンへの記録は行いません。その代わりに、そのサイドチェーン独自のコンセンサス・メカニズム（システムの参加者全体で意思決定、合意形成を行う仕組み）を使用して、有効性を担保します。

なお、サイドチェーンは性能面の向上には有効ですが、セキュリティ面での強度は高くありません。Polygonも、ロールアップ技術を持つ企業を買収して、Plonky2というサービスを展開するなど、様々な機能追加を矢継ぎ早に実施しており、今後のアップデートに期待が寄せられています。

Chapter 6

Web3 時代の先進的な仮想通貨・サービス

30 Web3時代の先進的な仮想通貨

仮想通貨は、流通しているものだけでも数千種類あると言われています。
仮想通貨の特徴を踏まえて全体像を分類した資料のうち、比較的分かりやすいものを参考に、いくつかの仮想通貨を紹介します。

KEYWORD
- 仮想通貨の分類
- ステーブルコイン

仮想通貨の分類

異なる仮想通貨の違いを理解するためには、その利用用途から分類するのが一番分かりやすいでしょう。次の図では、概略ではありますが、ポイントをおさえた分類を行っています。この図に沿って、いくつかの仮想通貨を紹介します。

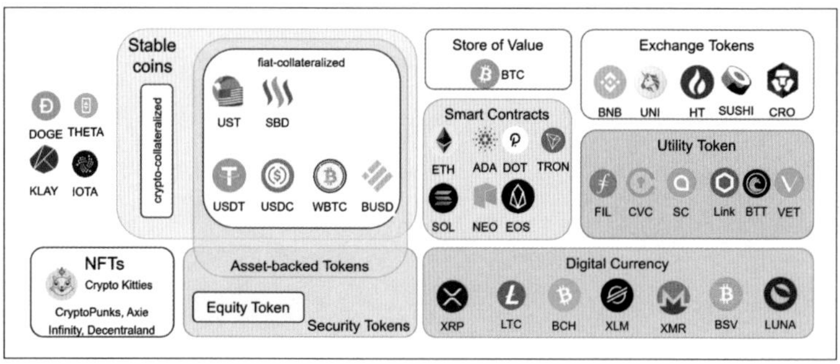

仮想通貨の分類図

https://levelup.gitconnected.com/the-7-types-of-cryptocurrencies-you-must-know-3b26b2ce0eb8

▶ Stable coins（ステーブルコイン）

UST、SBDなど

実際の通貨と価値が連動する仮想通貨であり、価値が比較的安定しています。ステーブルコインには法定通貨担保型、仮想通貨担保型、無担保型等があります。

▶ Store of Value（価値の貯蔵）

BTC

BTC（ビットコイン）は仮想通貨の不動のナンバーワンであり、他の資産（外国為替、株、金など）の低下リスクに備えて、価値を貯蔵する目的で保有されることがあります。とはいえ、最近でも価値の増減幅は大きく、投資家が一喜一憂している状況です。

▶ Smart Contracts（スマートコントラクト）

ETH、ADAなど

前チャプターで説明したスマートコントラクトの機能を持ち、この仮想通貨やプラットフォームの上に様々なアプリケーションを作ることができます。

▶ Exchange Tokens（仮想通貨取引所のトークン）

BNB、UNIなど

仮想通貨の取引所自体が発行しているトークンです。

▶ NFTs

Crypto Kittiesなど

NFTを使った各種サービスです。

▶ Utility Token（ユーティリティトークン）

FIL、CVCなど

例えば、FIL（ファイルコイン）ではこの通貨を保有することで「ファイルを保存すること」ができます。このように、特定の目的に特化したトークンです。

▶ Digital Currency（デジタル通貨）

XRP、LTCなど

外国への送金等、通貨としての役割を主目的としています。

もちろん、これらの分類も非常に流動的ですし、図中に紹介されている各仮想通貨も、複数の役割を持っていたり、ここに分類できない独自機能を持っていたり、本当に様々な形態が存在します。

そんな仮想通貨の中でも、仮想通貨として取引されるだけでなく、Web3時代のサービスとして先進的で面白いものについて、これから詳細にご紹介していきます。

31 ポルカドット - 仮想通貨をつなぐプラットフォーム

ポルカドットは、異なる仮想通貨同士を「つなぐ」ことに最大の特徴があるプラットフォームです。仮想通貨間の相互運用性を高めるために、様々な仕組みが用意されています。用語が多くて少し複雑ですが、1つ1つ確認していきましょう。

KEYWORD
- ポルカドット
- 相互運用性

仮想通貨同士をつなげて相互運用性を高める

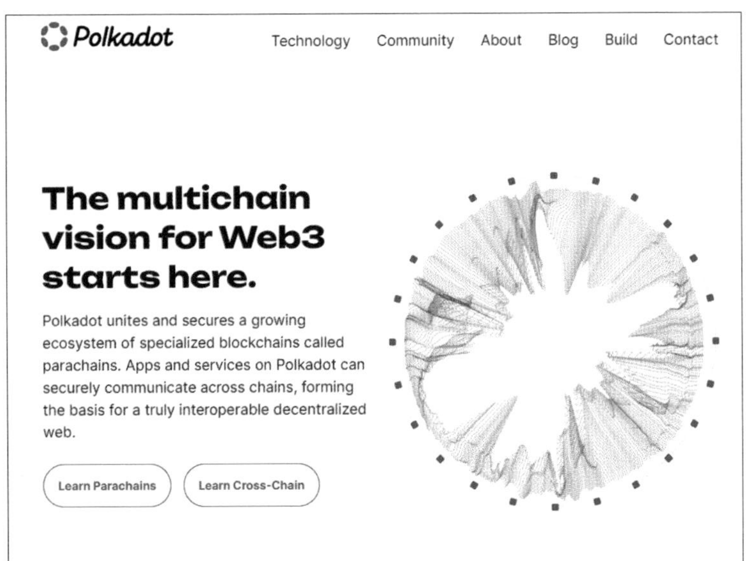

ポルカドットのウェブサイト

https://polkadot.network/

ビットコインやイーサリアムを始め、その他の仮想通貨についても、基本的に仮想通貨は個々のブロックチェーンに紐づいて独立して存在しています。そのため、**異なる仮想通貨同士を交換したり、異なる仮想通貨を混在させたりすることは、すぐにはできません。**

もっとも、DeFiを使えば、異なる仮想通貨同士を交換すること自体は今でも自由に行えます。また、もっと初心者向けのサービスとして、様々な仮想通貨の取引所・販売所が開設されています。これらを利用すれば、現金(日本円)を使って仮想通貨を購入、売却したり、異なる仮想通貨同士を交換したりすることも簡単です。

しかし、ポルカドットが目指しているのは、このように中間的なサービスを介して仮想通貨を交換可能にすることに留まらず、もっと仮想通貨同士を密接につなげて、**相互運用性(インターオペラビリティ)を高める**ことです。

例えば、今の仮想通貨の仕組みでは、マシンパワーなどの制限があるため、短時間で多数の取引を行うことが困難という問題があるのですが、これを解決しようとしています。

また、利用者が少ない仮想通貨には、ブロックチェーンが短いため改ざんなどの攻撃がしやすいという問題があります。相互運用性を高めることで、そのような仮想通貨でも様々な攻撃に耐えられるように、セキュリティを強化することができるのも大きな効果です。

ポルカドットの仕組み

もう少し、ポルカドットの中身に踏み込んでみましょう。

仮想通貨の相互運用性を高めることについて、ポルカドットのウェブサイトにはこのように説明されています。

> ポルカドットは、トークンだけでなく、あらゆるタイプのデータやアセットをブロックチェーン間で転送できます。ポルカドットに接続すると、ポルカドットネットワーク内の様々なブロックチェーンと相互運用することができます。

ポルカドットのウェブサイトより筆者訳

そして、ポルカドットの技術的な仕組みは、このような概念図で示されています。

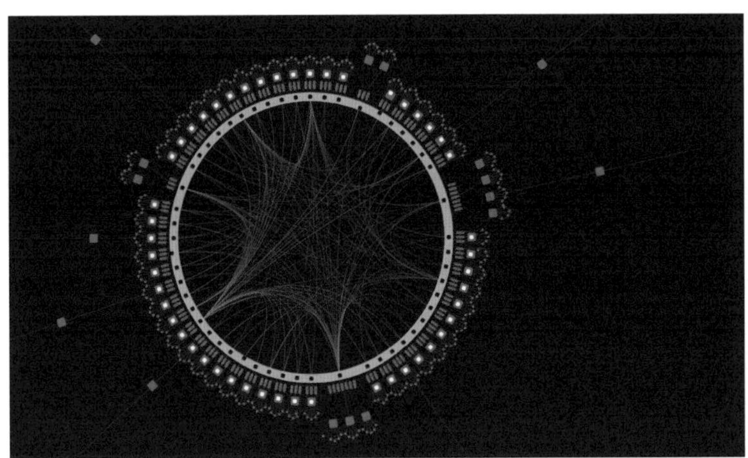

ポルカドットの仕組みの概念図

https://polkadot.network/technology/

ただの幾何学的に美しい模様に見えますが、一見するだけでは何を表しているのかがよく分かりません。

しかし、それぞれの構成要素を理解すると、ポルカドットが目指す世界観をうまく表した図だということがわかります。詳しく解説していきましょう。

この概念図は、次の４つの構成要素で描かれています。

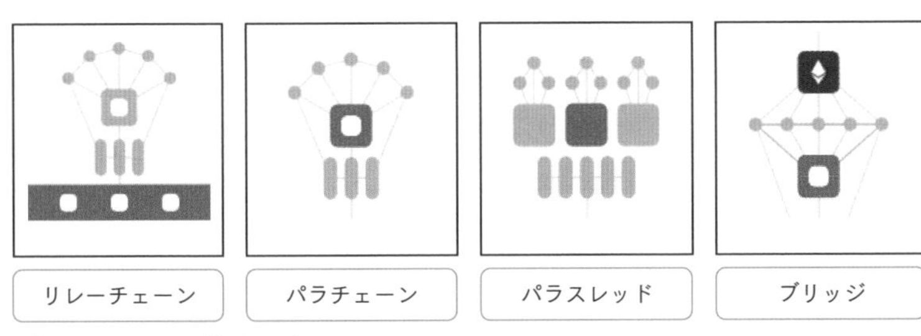

ポルカドットの構成要素

https://polkadot.network/technology/

▶リレーチェーン

概念図の真ん中の大きな輪がリレーチェーンです。リレーチェーンは各種仮想通貨間の情報連携を中継する機能です。円の外側にも様々なパラチェーン（次に説明します）が配置されているのですが、そのパラチェーン同士がリレーチェーンを通じて相互に情報交換を行うという仕組みになっています。

リレーチェーンこそが**ポルカドットの心臓部**です。このネットワーク全体の共有セキュリティを確立し、ポルカドット全体の意思決定を管理し、チェーン間の相互運用性を確立しています。

▶パラチェーン

パラチェーンは、**リレーチェーンにつながるブロックチェーン**です。

パラチェーンのそれぞれが、独自のトークン（仮想通貨など）を持っているため、特定のユースケースに合わせて機能を最適化することができます。

例えて言うならば、ショッピングモール（リレーチェーン）と各テナント（パラチェーン）の関係をイメージすると分かりやすいと思います。各テナントは、アパレル、生活用品、スポーツ、飲食など、利用者の様々なニーズに合わせて独自の店舗を作ります。しかし、店舗単独では集客も困難ですし、駐車場等の共有設備や、警備等のオペレーションも大変です。ショッピングモールという大きな施設の中に入ることによって、運営を効率化するとともに、利用者から見た信頼性（セキュリティ）を確保しているのです。

このパラチェーンに接続するためには、オークションに参加する必要があります。それは、パラチェーンの接続枠（スロット）が100個に限定されているためです。ポルカドット自体が、**DOT**という仮想通貨を発行しているのですが、一定期間でDOTを多く保有しているサービスが、接続枠を獲得できるという仕組みになっています。

2021年11月に、最初のパラチェーンオークションが開催され、Acalaというサービスが最初の勝者となりました。

その後も、1週間に1回のペースでオークションが開催され、2023年2月時点で40回のオークションが開催されました。

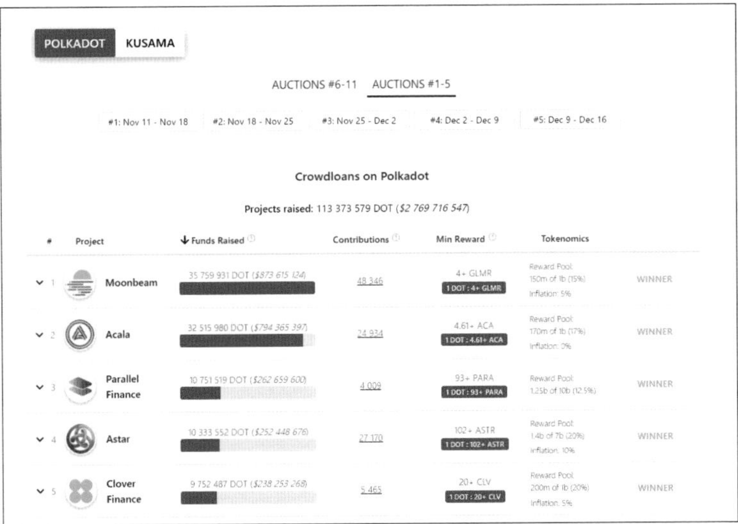

#	Project	Funds Raised	Contributions	Min Reward	Tokenomics	
1	Moonbeam	35 759 931 DOT ($873 615 124)	48 346	4+ GLMR 1 DOT : 4+ GLMR	Reward Pool: 150m of 1b (15%) Inflation: 5%	WINNER
2	Acala	32 515 980 DOT ($794 365 397)	24 934	4.61+ ACA 1 DOT : 4.61+ ACA	Reward Pool: 170m of 1b (17%) Inflation: 0%	WINNER
3	Parallel Finance	10 751 519 DOT ($262 659 600)	4 009	93+ PARA 1 DOT : 93+ PARA	Reward Pool: 1.25b of 10b (12.5%)	WINNER
4	Astar	10 333 552 DOT ($252 448 676)	27 170	102+ ASTR 1 DOT : 102+ ASTR	Reward Pool: 1.4b of 7b (20%) Inflation: 10%	WINNER
5	Clover Finance	9 752 487 DOT ($238 253 268)	5 465	20+ CLV 1 DOT : 20+ CLV	Reward Pool: 200m of 1b (20%) Inflation: 5%	WINNER

初回から第5回までのパラチェーンオークションの勝者

https://parachains.info/auctions/polkadot-1-5

なお、パラチェーンの接続枠は、有効期限が2年間となっています。その後も接続を継続したい場合は、再度オークションで枠を獲得する必要があります。

パラチェーンはリレーチェーンに接続されているので、リレーチェーンを経由して異なるパラチェーンの間でメッセージや取引情報(トランザクション)をやりとりすることが可能です。

また、パラチェーンのサービス向けに、Substrate(サブストレート:基盤という意味)という開発フレームワークが用意されています。これを使えば、リレーチェーンにつなげることを含めて、効率的にアプリケーション(DApps)の開発を行えるようになっています。

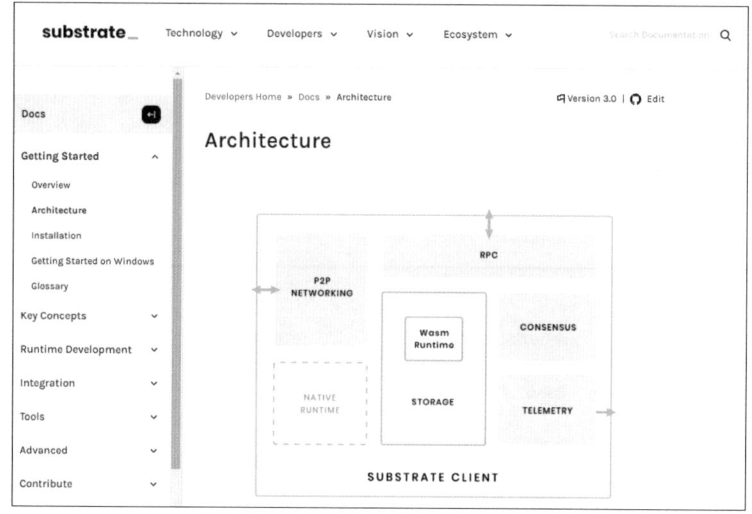

Substrateの開発ドキュメント
https://docs.substrate.io/v3/getting-started/architecture/

▶パラスレッド

パラスレッドは、小規模なパラチェーンというイメージです。

パラチェーンの場合は接続枠が限られており、参加するためには多額のDOTを集める必要があるため、参入へのハードルが高いです。

一方でパラスレッドは、利用期間、利用方法に応じて柔軟に接続できるようになっています。一定額のDOTを預ける必要はありますが、基本的には従量制の課金モデルとなっています。

▶ブリッジ

パラチェーンやパラスレッドを、ビットコインやイーサリアムのような外部サービスのネットワークに接続して、通信できるようにする機能です。

具体的には、ポルカドットのパラチェーンのアプリケーションにおいて、ビットコインやイーサリアムを利用することができるようになります。

先の例えに重ねるならば、パラチェーンやパラスレッドは1つのショッピングモールの中のテナントというイメージでしたが、さらに異なるショッピングモールや異なる業態のサービスとの「共通電子マネー」を作るというイメージに近いかもしれません。

個々のサービスをビットコインやイーサリアムというこの業界のメジャーなサービスとも接続できるようにして、利便性を高めているのです。

さらに、ブリッジが連携する情報は仮想通貨の世界に留まりません。実際の世界の情報(外部情報)も、センサー等を通じて連携することが想定されています。

以下は、ポルカドット自身が想定している将来的なユースケースですが、保険サービスの例です。

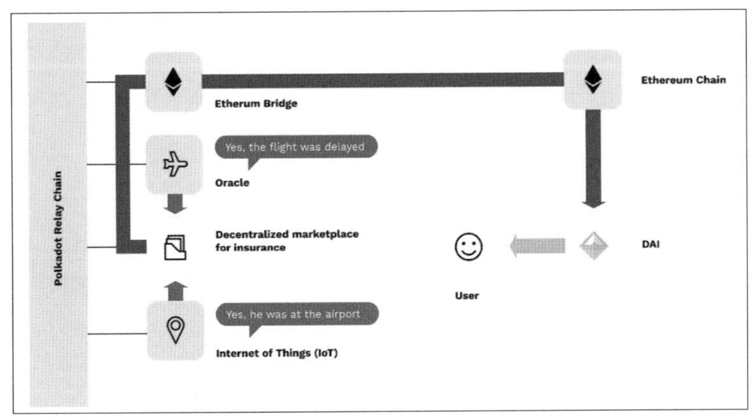

ポルカドットを活用した保険サービスの構想

https://medium.com/polkadot-network/polkadot-bridges-connecting-the-polkadot-ecosystem-with-external-networks-1118916392e3

これは、飛行機のフライトが遅延した場合に、金銭を支払うという保険サービスです。

外部からの情報が２種類取り込まれており、１つ目が、上から２つ目にあるフライト情報です。飛行機に遅延が発生したかどうかという情報を取り込んでいます。

２つ目が、一番下にある利用者の情報です。利用者本人が空港へ到着したかどうかをセンサーで検知して、ネットワークへ情報を取り込みます。

仮想通貨で保険の販売や金銭の払い戻しを実施しながら、その支払条件については「本人が空港に行っていて、飛行機が遅延した場合」という実際の世界の情報を組み合わせて判断しています。このように、仮想通貨の世界と実際の世界を結びつけて自動的に処理するという仕組みが実現できるのです。

32 ポルカドットのガバナンス

ポルカドットでは、NPoSという仕組みのもとで3つの役割を定義しています。それぞれの役割が、相互に監視して不正を防ぎつつ、役割を果たすことによる報酬を設定することで、全体のガバナンスを確立しています。

KEYWORD
- コンセンサス・アルゴリズム
- NPoS
- ノミネーター
- バリデーター
- コレーター

投票に責任が伴うというガバナンスの仕組み

ポルカドットには、高度なガバナンスの仕組みも組み込まれています。

ポルカドット自体の運営について意思決定を行う際に、コンセンサス・アルゴリズム（P.134）として「**NPoS**（Nominated Proof-of-Stake）」というものを採用しているのです。PoS（P.135）を前提とした仕組みですが、ポルカドットの独自の工夫が織り込まれています。一言で説明すると、**投票した人にも責任が伴う**という仕組みです。

私たちが馴染んでいる民主主義では、政治の代表者を選挙で選びます。一定年齢以上の全ての人に選挙権がありますが、政治に関心がある人もない人も含めて1人1票ですし、選出された人物が不正をはたらいたときでも、その人に投票した人が責任を問われることはありません。良い意味でも悪い意味でも、非常にシンプルな仕組みです。

一方で、ポルカドットの意思決定では、運営に関する**3種類の役割**が存在し、それぞれの役割がお互いを監視し合いながら意思決定を行います。そして、意思決定には責任も伴います。例えば、不適切な人を推薦した人は、預け入れたDOT（ポルカドットの仮想通貨）が没収されてしまうという仕組みがあるのです。

このように投票する人（推薦する人）にも責任や報酬を与えて、コミュニティ全体の意思決定を行う仕組みが、NPoSです。これにより、高度なガバナンスを確立しているのです。

では、ここから3つの役割について見てみましょう。

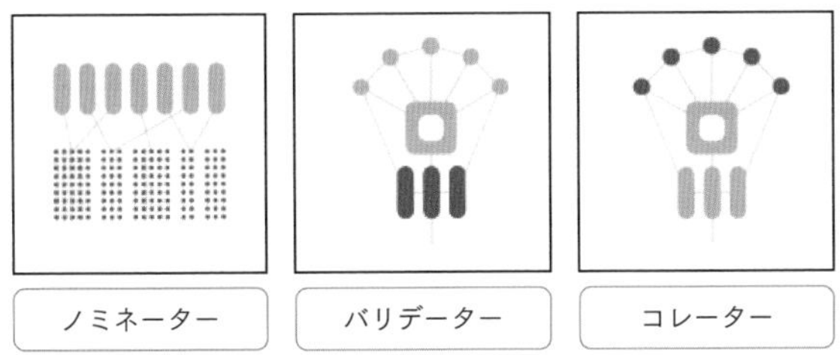

ポルカドットにおける３つの役割

https://polkadot.network/technology/

▶ノミネーター

ノミネーターは、後述するバリデーターをノミネート（推薦、選出）するという役割です。

メンバーは、推薦したいバリデーターにDOTを預けることで、ノミネーターになることができます。同時に、そのままDOTを一定期間預け入れておくことで、報酬を得られます。例えば、定期預金で高めの利率を得るようなものです。現時点の相場で、年利換算で十数パーセントの報酬が得られるようです。

このように、バリデーターをノミネートすることによって報酬を得ることが、ポルカドットにおける「ステーキング」に当たります。保有する仮想通貨を預け入れて、PoSの仕組みで報酬を得ることを「ステーキング」と呼ぶのでした（P.44）。

ポルカドットのステーキングでは、単に仮想通貨を預けるだけでなく、自分が推薦する人を選んで預ける必要があるということが特徴です。この特徴がNPoS（Nominated Proof-of-Stake）の由来です。

なお、推薦したバリデーターが不正を行った場合は、ノミネーターがバリデーターに預けていたDOTを減らされたり、没収されたりします。

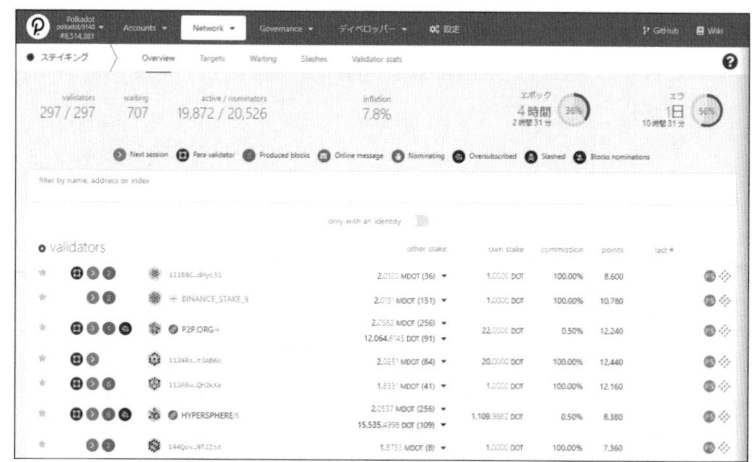

バリデーターの選出画面

https://polkadot.js.org/apps/#/staking

これが、実際にノミネーターがバリデーターを選出する画面です。

どのバリデーターを選出するかについては、様々な検討要素があります。基本的には、ノミネーター募集の有無、バリデーター自身の本人確認が行われていること、バリデーターが自分自身にも自己投資していること、ノミネーターが預けているDOTの総量などを見ながら検討します。

ただ、難しいのが、必ずしも多くのDOTを預けられているバリデーターを選べばよいわけではないという点です。バリデーターが報酬を得ると、推薦したノミネーターにもその預けている量に応じて報酬が配分されます。つまり、多くのDOTが預けられているバリデーターを選ぶと、ノミネーターにとっては自身への報酬の配分が少なくなってしまいます。また、そもそも報酬を得られるノミネーターの人数制限（256人）というものもあります。預けたDOTの量が、同じバリデーターに預けているノミネーターの中で上位256番以内に入れなければ、報酬が得られません。

このような制度設計により、ノミネーターは数多くのバリデーターを選出しようとするモチベーションが生まれます。そして、システム全体として、特定の人にパワーが集中することを避けつつ、多くの参加者を誘引するという仕組みになっているのです。

▶バリデーター

バリデーターは、リレーチェーンで活動し、セキュリティ上で重要な役割を担っています。元となっている英単語のvalidateとは、検証する、確認するという意味です。

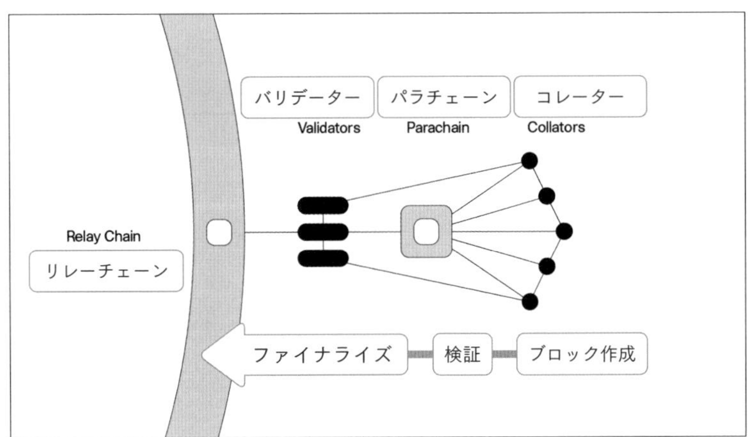

バリデーターとコレーターの関係性

https://wiki.polkadot.network/docs/learn-parachains

基本的な流れとしては、まず後述するコレーターが、パラチェーンの中のトランザクション（取引履歴）をブロックとして作成します。バリデーターは、このブロックの内容の正確性を検証し、問題がなければリレーチェーンに記録します（ファイナライズ）。

バリデーターは、このブロック検証を含めて様々な活動を行うことで報酬を得られます。一方で、不正な行動をした場合は、ペナルティが課されます。

バリデーターとなるためには、様々なハードルをクリアする必要があります。まず、24時間稼働できるサーバー（コンピュータ）を用意し、それをセットアップすることで、ノードというネットワーク上の拠点を立ち上げます。これには専門的なプログラミング等の知識が必要です。このノードを常にオンラインで接続して、リレーチェーンと同期をとらなければなりません。同期していない場合は、ペナルティが発生します。

その上で、ノミネーターにバリデーターとして選出される必要がありますが、それもなかなかハードルは高いようです。

▶コレーター

バリデーターがリレーチェーンで活動するのに対し、コレーターは各パラチェーンで活動します。パラチェーンの中のトランザクションをブロックとして作成します。元になっている英単語のcollateとは、照合するという意味です。

作成したブロックがバリデーターによって検証され、無事にリレーチェーンに記録されると、報酬を得られます。

コレーターも、ノードを立ててパラチェーンに接続することが求められますし、不正な行動をした場合はペナルティが課されます。これはバリデーターと同様です。

COLUMN ギャビン・ウッド - Web3という言葉の提唱者

ポルカドットは、スイスの「Web3 Foundation」という財団が開発しています。

この財団を立ち上げたのが、ギャビン・ウッド(Gavin Wood)氏です。彼は、イーサリアムの共同創設者の1人でもあります。

そして、Part 0でもご紹介したとおり、Web3という言葉の提唱者でもあります。

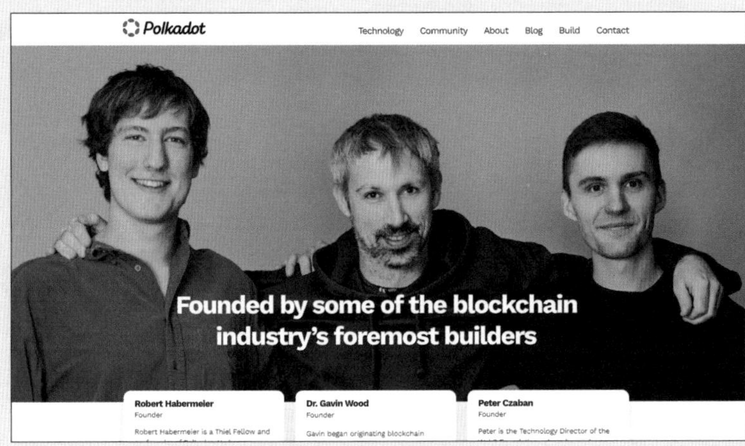

ギャビン・ウッド氏(写真中央)

https://polkadot.network/about/

ギャビン・ウッド氏は英国人で、もともとマイクロソフトで働いていました。

2013年にイーサリアムの共同設立者となり、CTOを務めています。まさに技術の根幹部分を担っており、Solidityというスマートコントラクトのプログラム言語の開発や、イエローペーパーの作成等を行っています(イーサリアムの技術仕様書には、概念レベルのホワイトペーパーと、詳細レベルのイエローペーパーの2つが存在します)。

ETHEREUM: A SECURE DECENTRALISED GENERALISED TRANSACTION LEDGER
BERLIN VERSION fabef25 – 2021-12-02

DR. GAVIN WOOD
FOUNDER, ETHEREUM & PARITY
GAVIN@PARITY.IO

ABSTRACT. The blockchain paradigm when coupled with cryptographically-secured transactions has demonstrated its utility through a number of projects, with Bitcoin being one of the most notable ones. Each such project can be seen as a simple application on a decentralised, but singleton, compute resource. We can call this paradigm a transactional singleton machine with shared-state.

Ethereum implements this paradigm in a generalised manner. Furthermore it provides a plurality of such resources, each with a distinct state and operating code but able to interact through a message-passing framework with others. We discuss its design, implementation issues, the opportunities it provides and the future hurdles we envisage.

1. INTRODUCTION

With ubiquitous internet connections in most places of the world, global information transmission has become incredibly cheap. Technology-rooted movements like Bitcoin have demonstrated through the power of the default, consensus mechanisms, and voluntary respect of the social contract, that it is possible to use the internet to make

is often lacking, and plain old prejudices are difficult to shake.

Overall, we wish to provide a system such that users can be guaranteed that no matter with which other individuals, systems or organisations they interact, they can do so with absolute confidence in the possible outcomes and how those outcomes might come about.

イーサリアムのイエローペーパー

https://ethereum.github.io/yellowpaper/paper.pdf

その後、2016年にイーサリアムを離れて、Web3 Foundationを設立することとなります。

イーサリアムを離れた経緯については、後のインタビューでこのように説明しています。

「Polkadot」という新たなプロジェクトに移った理由は、いくつかあります。

そのうちの一つは、イーサリアムのエコシステムにあります。現在イーサリアムのエコシステムは内省的で、確実性や細かなところに捉われすぎていて、イノベーションを前に進めるという考えが欠けています。**本当に達成すべき目標を見失っている**ため、無意味な議論が多く行われています。また、多くのステークホルダーや大量の意見が存在する中で、プロジェクトを推し進めるための、中央集権性があまりにも欠けている。イーサリアムには、**技術的な発展を進めるためのガバナンスがありません。**これでは、技術的リーダーシップを発揮することは厳しいと感じています。

持続的にイノベーションを進めるためには、どのようにアップグレードを実施するかなど、技術的な面で決断を下すことのできる組織を構築する必要性があると考えています。

https://coinpost.jp/?p=59763

このインタビューには、Web3の分散型ガバナンスについての大きな問題提起が現れています。

分散型にするほど、多くの関係者が多くの意見を出すため、プロジェクトを推進することが難しくなります。技術的な発展を進めるためには、ある程度の「中央集権制」も必要であり、そのような新しいガバナンスの仕組みが必要ということです。

ギャビン・ウッド氏のこの考えが、ポルカドットにそのまま反映されているように思います。

彼が設立したWeb3 Foundationは、以下のことをミッションとしています。

> 私たちの使命は、分散型ウェブソフトウェアプロトコル用の最先端のアプリケーションを育成することです。
>
> 私たちは、ユーザーが自分のデータ、アイデンティティ、運命を制御する分散型で公正なインターネットであるWeb3.0を提供することに情熱を注ぎます。

https://web3.foundation/about/ より筆者訳

ポルカドットは、ギャビン・ウッド氏という天才プログラマーが、イーサリアムでの大きな成功経験とさらなる課題認識をバネにして、理想的なシステムを描いて作り出したものと言えます。

Kusama - ポルカドットを支える実験的プロジェクト

Kusamaは、ポルカドットと同じく、ギャビン・ウッド氏たちが設立したWeb3 Foundation のプロジェクトです。

ポルカドットが本番用の安定したサービスを目指しているのに対して、Kusamaはカナリア・プロジェクト（実験的なプロジェクト）として、より先進的な機能のテスト等を実施することを目的にしています。

ロゴマークはカナリアであり、炭鉱のカナリア（炭鉱で有毒ガスが発生した場合に、人間よりも先に察知して鳴き止むことで危険を知らせる）をイメージしています。

ポルカドットのウェブサイトにあるKusamaの概要ページ
https://polkadot.network/ja/kusamawang-luo/

なお、ポルカドット（Polkadot）は英語で水玉模様という意味ですが、Kusamaの名前は水玉模様のデザインで有名なアーティストの草間彌生さんから取っているようです（ただし、草間彌生美術館は、Kusamaと草間彌生さんは関係がなく、何らの許諾等も行っていないと注意喚起しています）。

Kusamaはポルカドットを普及させるための実験的なプロジェクトではありますが、実際に取引所で取引できる仮想通貨（KSM）を使って、様々なサービスを展開しています。

例えば、ポルカドットのパラチェーンオークションは2021年11月に初回を実施したのですが、Kusamaでは、同年6月に、ポルカドットより先にパラチェーンオークションを実施しています。

プログラムのソースコードのレベルでも、ポルカドットとKusamaは似ています。

ただ、Kusamaでは開発者が参入する障壁を下げて開発しやすくしている一方で、セキュリティについてはポルカドットほど厳しくありません。

33 IPFS / Filecoin - データの分散管理

IPFSは、データそのものを分散管理するという新しい方法を実現するサービスです。

Filecoinという仮想通貨を組み合わせて、ストレージ等の提供に報酬を発生させる仕組みを取り入れています。

KEYWORD

- IPFS
- Filecoin
- 分散型ファイルシステム

IPFSの目標と具体的な仕組み

IPFSという名前は、InterPlanetary File System の略語となっています。「惑星間」のファイルシステムという壮大な名前ですね。

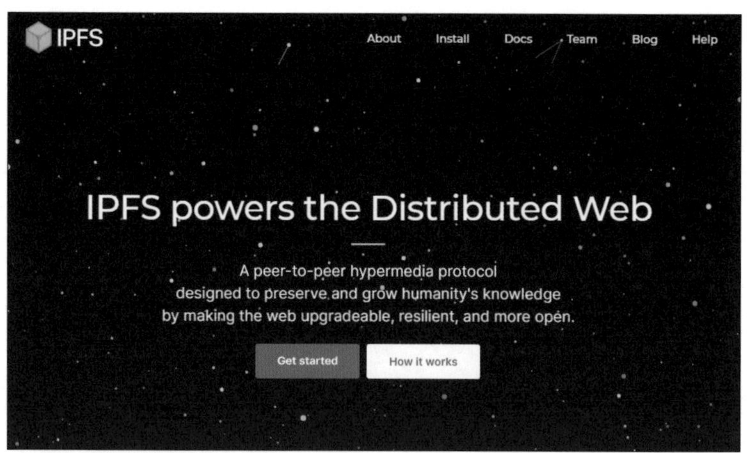

IPFSのウェブサイト

https://ipfs.io/

現在のインターネットでは、ウェブサイトの閲覧等に通常、HTTP（Hyper Text Transfer Protocol）や安全を重視したHTTPSというプロトコル（通信手順）を使っています。**IPFSはこれを補完または置換する**という大きな目標を持っています。

具体的な仕組みがウェブサイトで説明されていますので、概要を見てみましょう。

翻訳は筆者によるものです。要点を抜粋し、若干補足しています。

IPFSの仕組み

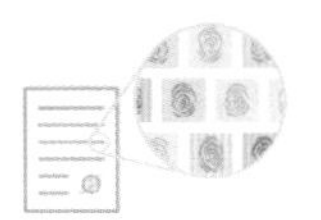

When you add a file to IPFS, your file is split into smaller chunks, cryptographically hashed, and given a **unique fingerprint** called a content identifier (CID). This CID acts as an permanent record of your file as it exists at that point in time.

IPFSにファイルを追加すると、ファイルは小さい単位(チャンク)に分割され、ハッシュ化(暗号化)され、このハッシュに対応するようにコンテンツ識別子(CID)がつけられます。このCIDによって、永続的にそのファイルが識別されます。

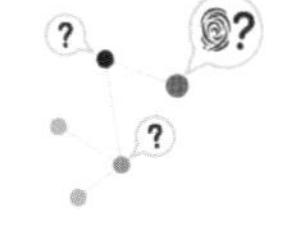

When other nodes **look up your file**, they ask their peer nodes who's storing the content referenced by the file's CID. When they view or download your file, they cache a copy — and become another provider of your content until their cache is cleared.

ファイルを検索するときは、ファイルのCIDを使って、ネットワーク上の誰がそのファイルを持っているかを問い合わせます。

そのファイルを表示・ダウンロードしたノード(接続しているコンピュータ端末)は、ファイルのコピーを保存(キャッシュ)します。そして、そのノードもキャッシュが消えるまではファイルの提供者になります。人気のないコンテンツはキャッシュされるノードが少なくなり、いずれは自然消滅します。

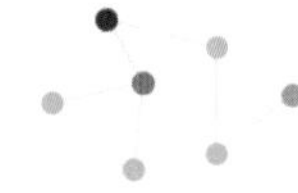

A node can pin content in order to keep (and provide) it forever, or discard content it hasn't used in a while to save space. This means each node in the network **stores only content it is interested in**, plus some indexing information that helps figure out which node is storing what.

ファイルを永久に保持するためにコンテンツをロックすることもできます。また、スペースを節約するためにしばらく使用しなかったコンテンツを破棄することもできます。

つまり、このネットワークは「利用者が関心のあるコンテンツ（必要なコンテンツ）」のみを保管するということです。それに加えて、そのファイルを探すための情報も保管しています。

If you add a new version of your file to IPFS, its cryptographic hash is different, and so it gets a new CID. This means **files stored on IPFS are resistant to tampering and censorship** — any changes to a file don't overwrite the original, and common chunks across files can be reused in order to minimize storage costs.

ファイルの内容を一部でも更新してIPFSに追加すると、そのハッシュが以前のファイルのものと異なるため、新しいCIDを取得します。

これは、IPFSに保存されたファイルが改ざんや検閲に強いことを意味します。ファイルに変更を加えても元のファイルが上書きされることはありません。また、ストレージコストを最小限に抑えるために、共通のチャンク（ファイルを分割したデータ）を再利用できます。

However, this doesn't mean you need to remember a long string of CIDs — IPFS can find the latest version of your file using the IPNS decentralized naming system, and DNSLink can be used to map CIDs to **human-readable DNS names**.

CIDは長い文字列になりますが、これを覚えておく必要はありません。

IPFSはDNS（インターネット上でドメインネームとIPアドレスを変換する仕組み）に似た技術を使って、CIDを人間が読める形式の名前に変換することができます。

https://ipfs.io/#howより筆者訳

補足するならば、IPFSでは1つの場所（サーバー）からファイルをダウンロードするのではなく、多数の場所から断片化した情報を同時にダウンロードできるため、高速です。

今までのウェブの仕組み（HTTP/HTTPS、DNS、IPアドレスといった技術を利用）では、ファイルが「どの場所」にあるかが重要でした。そのため、「yahoo.co.jp」や、「amazon.com」のように、サーバーの場所を示す情報（URL）を指定して、そのサーバーからHTMLファイル等をダウンロードしています。

一方で、IPFSでは、そのファイルがどこにあるかという**場所の情報が一切必要ありません。**ファイルの1つ1つにID（CID）が振られており、そのIDを指定すればネットワーク上のいずれかの場所から自動的に（そして同時多発的に）ダウンロードが進行するのです。

このような特徴のことを、**「コンテンツ指向」**と呼んでいます。

IPFSによって管理されるデータは、複数の場所（ストレージ）で分散管理され、特定の管理者を必要としません。そのため、Web2.0時代に問題視されていた、一部の巨大サービスに情報が集約してしまうという課題について、その解決策となることが期待されています。

ファイルの分散保存への動機付け

実は、IPFS自体はブロックチェーンの技術そのものを使っているわけではなく、**ピアツーピア**という別の技術を使った分散型ファイルシステムです。

IPFSは技術的には優れているのですが、ノード（各利用者）にとってファイルを保持するインセンティブ（報酬）が発生しないという、ビジネスモデルとしての問題がありました。

そこで、IPFSに**Filecoin**という独自の仮想通貨を組み合わせることにしたのです。

自分のコンピュータやストレージを提供してファイルを保持すると、

Filecoinで報酬がもらえるというシステムになっています。これが、Filecoinでの「マイニング」になります。IPFSもFilecoinも、同じ企業(アメリカのProtocol Labsという企業)が開発しています。

では、仮想通貨Filecoinを組み合わせた処理の流れを、具体的に見てみましょう。

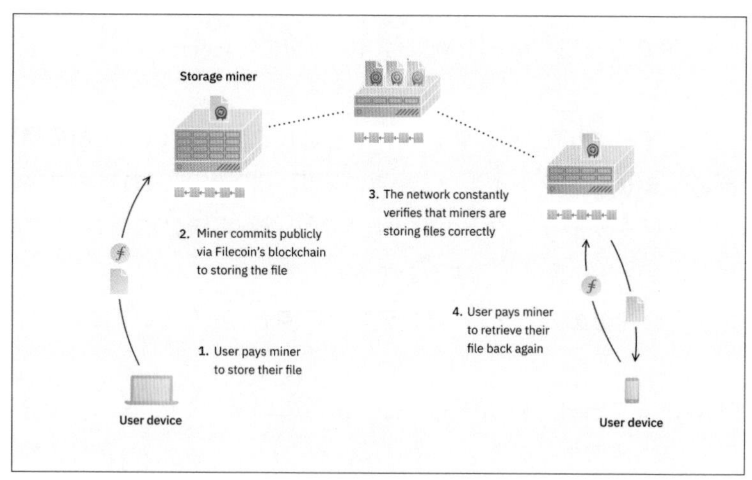

Filecoinを組み合わせたIPFSの処理の流れ

https://docs.filecoin.io/about-filecoin/what-is-filecoin/#for-users

1. 利用者は、IPFSにファイルを保存する際に少額の仮想通貨を支払います。
2. マイナー(IPFSに自身のコンピュータを接続してストレージを提供することで、報酬を得ようとしている人)が提供したリソース(コンピュータやストレージの能力)を使って、ファイルを保存します。なお、各ファイルは細分化され分散保存されるので、マイナーが個々のファイルの内容を確認できるわけではありません。
3. IPFSのネットワークは、個々のマイナーが正しくファイルを保存していることをいつも確認しています。
4. 利用者がファイルを取り出すときも、少額の仮想通貨を支払います。

この動きからも分かるように、Filecoinでのマイニングは、ビットコイン

(PoW)やイーサリアム(現在はPoS)とは全く異なる方法になっています。

PoWの仕組みでは、コンピュータの高い演算能力と膨大な電力が必要でしたし、PoSの仕組みでは、仮想通貨を大量に保有して預け入れることが必要でしたが、どちらも必要ありません。

ただし、マイナーは担保として一定の仮想通貨を預けた上で、自身のコンピュータをIPFSが稼働できるように設定し、常にデータを読み書きできる状態で維持管理することが必要です。もし、接続が切れてしまった場合は、ペナルティとして担保の一部が没収されることになります。

IPFSの活用例

では、IPFSはどのようなときに役に立つのか、例を紹介します[注2]。

2017年4月に、トルコからWikipediaにアクセスできなくなりました。これはテロ関係のコンテンツを巡る問題があり、トルコの裁判所が、Wikipediaの禁止を命じた州を支持する判決を出したことによるものです。

これに対して、ハクティビスト(ハッカーの能力を持つ活動家)が、トルコ版WikipediaのコピーをIPFSでアクセスできる形にして公開しました。

トルコ政府は、IPFS上のWikipediaに対してはアクセスを禁止することができません。なぜなら、特定の管理者がいないIPFS上にいったんアップロードされたファイルに対して、第三者が削除要求を行ったりすることはできませんし、アクセスをブロックすることもできないからです。

結果としては、2019年12月に、ようやくトルコでもWikipediaにアクセスできるようになりました。

なお、IPFS以外にもVPN(仮想的な専用線)を使う方法など、トルコからWikipediaを見る方法は存在していたようです。いずれにしても、この事例のように、IPFSは情報を共有する仕組みとして強い力を持っていると言えます。

注2：https://observer.com/2017/05/turkey-wikipedia-ipfs/

COLUMN ホアン・ベネット - IPFSの創設者

ホアン・ベネット(Juan Benet)氏は、メキシコ生まれで、10代でアメリカに移住し、スタンフォード大学を卒業しています。

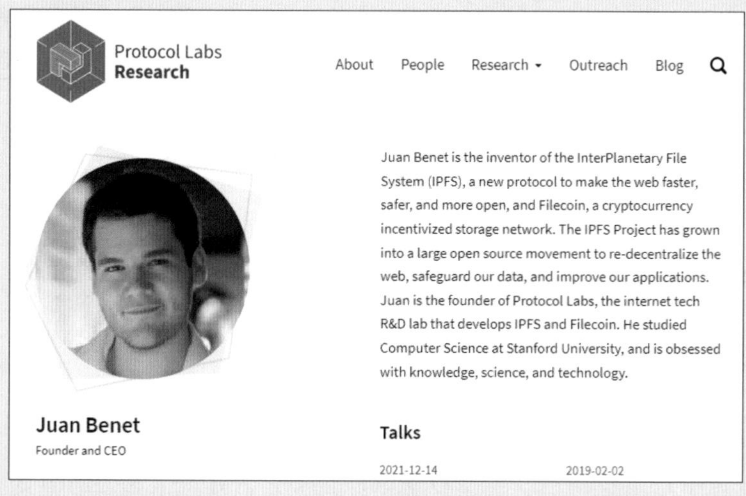

ホアン・ベネット氏

https://research.protocol.ai/authors/juan-benet/

スタンフォード大学時代に、既に世界クラスのコーダー(プログラムを作成する人)としての評判を築いていました。2010年に、ゲームスタートアップのLokiStudiosを立ち上げCTOを務め、3年後に米Yahooがこの企業を買収しました。その後、オープンソース教育プラットフォームであるAthenaを立ち上げましたが、こちらは失敗したようです。

2014年に、Protocol Labsを創業し、CEOを務めています。もともと、IPFSの構想を持っており、それを具体化することが目標でした。

そして、2017年8月にFilecoinプロジェクトを立ち上げ、わずか30分で2億米ドル以上を調達することで世界中の注目を集めました。

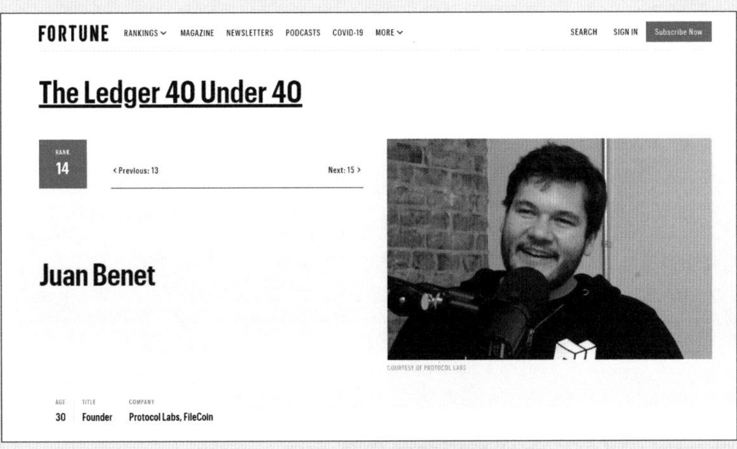

Fortune誌のウェブサイトで取り上げられた際の様子
https://fortune.com/the-ledger-40-under-40/2018/juan-benet/

2018年には、40歳以下の注目する人として、Fortune誌にも取り上げられています。Web3を進める代表的な旗手の1人です。

34 BAT / Brave - 暗号を活用した稼げるブラウザ

BAT (Basic Attention Token)は、2017年5月に誕生した仮想通貨で、Braveというウェブブラウザと連携する形で利用されています。

KEYWORD
- Brave
- BAT
- プライバシー

通常のウェブブラウザとしても優秀なBrave

Braveは、**BAT**という仮想通貨と結びついたウェブブラウザです。

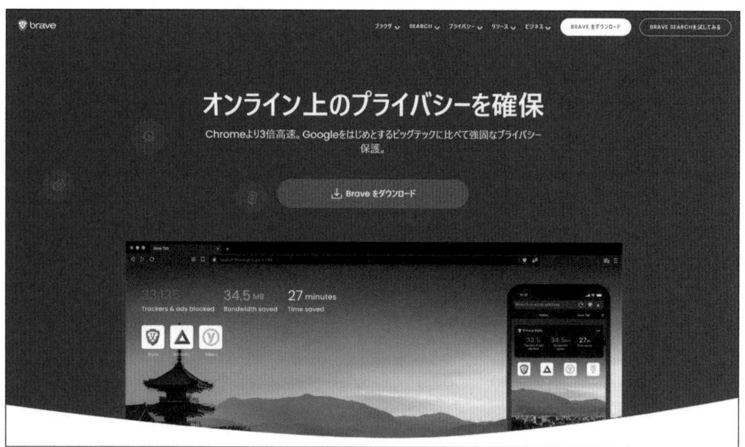

Braveのウェブサイト

https://brave.com/

このBraveは通常のウェブブラウザとしても優れた機能を持っています。ウェブページを描画する性能も高いですし、不要な広告をブロックする機能も優れています。また、Google等の検索エンジンに対して不必要な情報を提供しないということを徹底しているなど、プライバシーへの配慮も特徴の1つとなっています。

ファイルを分散管理するIPFSに対応

さらに、Braveは前セクションで説明したIPFSにも対応しており、IPFSで分散管理されたデータにアクセスすることができます。

アクセス方法は簡単です。アドレス欄に、IPFSでファイルを指定するだけでいいのです。

▶通常のWebサイトへの(HTTPSによる)アクセス方法

https://・・・・・

▶IPFSによるアクセス方法

ipfs://・・・・・

実例を見てみましょう(アクセスするタイミングによっては、ファイルが表示されない場合があります)。

▶httpsによるアクセス

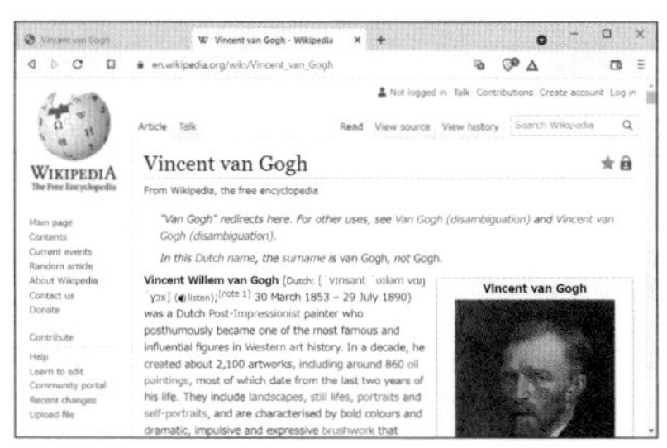

オリジナルのWikipediaのページ
https://en.wikipedia.org/wiki/Vincent_van_Gogh

▶IPFSによるアクセス

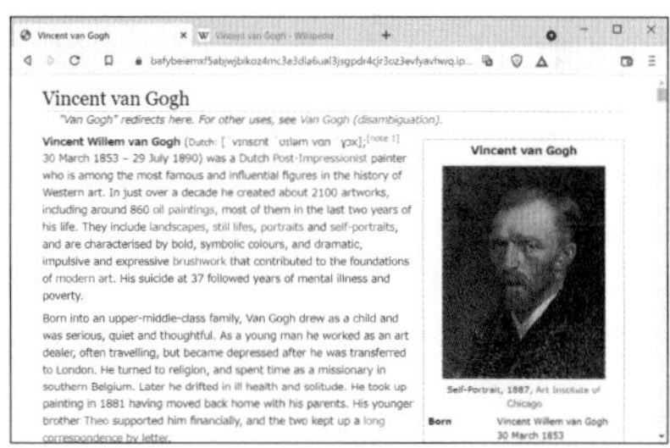

IPFSでのWikipediaのページ。Braveからでないとアクセスできない。
ipfs://bafybeiemxf5abjwjbikoz4mc3a3dla6ual3jsgpdr4cjr3oz3evfyavhwq/wiki/Vincent_van_Gogh.html

左のほうがオリジナルのWikipediaの記事であり、右はある時点で誰かがWikipediaのコピーを取って、そのファイルをIPFSを利用して保存したものとなっています。

IPFSのファイルではヘッダや左フレームが切り取られているという違いもありますし、よく読むと本文も微妙に異なっています。これは、コピーを取った時点での本文の内容が表示されているためです。

なお、少し細かな話ですが、BraveでIPFSのファイルにアクセスする方法は2つあります。ローカルノードを使用する方法と、パブリックゲートウェイを使用する方法です。

BraveでIPFSを使用する際の設定画面

Braveのおすすめ設定は、「ローカルノードを使用」になっています。

ただ、この説明文からは分かりにくいのですが、このモードにすると自分自身のコンピュータもIPFSのノードとして機能することとなります。つまり、**自分のコンピュータが常時通信状態になり、電力を消費しながらIPFSのための処理を行う**ようになります。

なお、本来はそのようなリソース提供に対して仮想通貨での報酬が入るべきですが、現時点ではこのモードにすることによるリソース提供には、報酬制度は組み込まれていないようです。

「パブリックゲートウェイを使用」を選択すれば、自分のコンピュータのリソースを提供しなくても、ファイルにアクセスすることができます。また、このパブリックゲートウェイは、Braveからのアクセスだけでなく、一般的なブラウザからのアクセスにも対応するように公開されています。

パブリックゲートウェイを使用してIPFSのファイルにアクセスすると、以下のようなアドレスにリダイレクトされます。このアドレスには、通常のブラウザからもアクセスすることができるようになっています。先頭文字(ipfs)がhttpsになっているなど、アドレスが少し変わっています。

▶ IPFSのアドレス

Braveではアクセス可能だが、通常のウェブブラウザではアクセス**不可**

ipfs://bafybeiemxf5abjwjbikoz4mc3a3dla6ual3jsgpdr4cjr3oz3evfyavhwq/wiki/Vincent_van_Gogh.html

▶ パブリックゲートウェイを使用したアクセスの例

Braveでも通常のウェブブラウザでもアクセス**可能**

https://bafybeiemxf5abjwjbikoz4mc3a3dla6ual3jsgpdr4cjr3oz3evfyavhwq.ipfs.dweb.link/wiki/Vincent_van_Gogh.html

※本書執筆時点では上記アドレスにアクセスできることを確認済ですが、読者の方がご覧になった時点ではアクセスできない可能性があります。

ブラウザを使うと報酬が得られる

さて、ブラウザとしてのBraveの説明が先行してしまいましたが、このブラウザはBATという仮想通貨と密接につながっています。

Brave自体、不要な広告をブロックするという特徴がありました。実は、不要な広告はブロックした上で、それらとは別にBrave側が提供する広告があります。これを利用者が自主的に見ると、**その報酬が仮想通貨BATでもらえる**というビジネスモデルになっています。

例えば、PCの場合は画面右下に、次のような小さなポップアップ広告が出ます。

Braveで表示される広告の一例

広告の閲覧状況は、リアルタイムに確認することができます。

Brave Rewards (brave://rewards/) の画面。広告の閲覧状況が確認できる。

この例では、3件の広告を受信しています。

その結果、0.025 BAT (0.03米ドル) とのことなので、約3円の報酬が発生したことになります。1時間に最大で5件程度の広告を見ることができるのですが、現時点の報酬金額としては僅かな水準にとどまっています。

なお、貯めたBATについては、気に入ったウェブサイトのクリエイターにチップとして送ることもできます。ただし、どのウェブサイトにもチップを送れるわけではなく、クリエイター自身が事前に登録したものに限られます。

BATを使って、ウェブサイトにチップを送ることができる。

利用者のプライバシーを守る

Braveは単に広告をブロックすることを目標としているわけではなく、利用者のプライバシーを守り、特定の企業が利用者の情報を勝手に集めてしまうのを防ぐことを目標としています。この目標のためにも、様々な機能を持っています。

▶標準設定では、全ての広告をブロックする

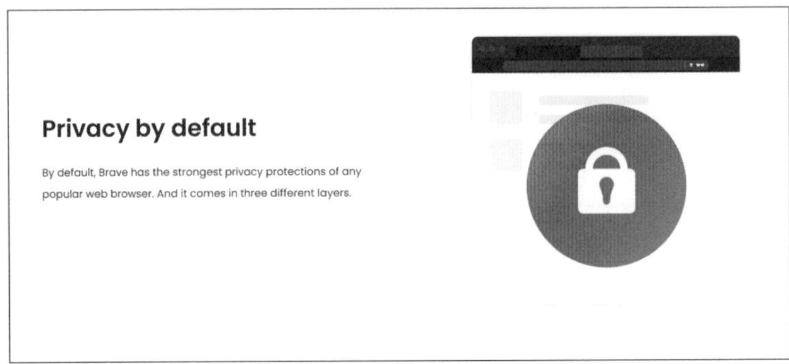

全ての広告をブロック

https://brave.com/privacy-features/

標準設定では、全ての広告をブロックします。

ブロックするURLは、既存の広告ブロックリスト（EasyList、EasyPrivacy等）を使っていますが、そのような外部情報を保守するための資金を提供し、支援をしているようです。

なお、第三者が提供する広告（サードパーティデータ）はブロックしますが、ウェブサイトの当事者による広告（ファーストパーティデータ）はブロックしないようになっています。

▶ブラウザのフィンガープリントを取得させない

Brave Shields

The first layer—Brave Shields—blocks trackers, cross-site cookie tracking, fingerprinting, and more. And you can see some of what got blocked. Just click the Brave Shields icon in the address bar of any page you visit.

フィンガープリントの取得防止

https://brave.com/privacy-features/

少し前提事項の解説が必要ですが、様々なウェブサイトでは、利用者を特定するために**フィンガープリント**と呼ばれる情報を取得しています。このフィンガープリントは、ウェブページが読み込まれるときにウェブサイトがブラウザに要求して取得する情報のことです。具体的には、ブラウザのバージョン、OS、画面の解像度、使用言語、タイムゾーン、インストールされている拡張機能などがあります。これらの組み合わせが同じものは、基本的に同じ利用者からアクセスしていると判断できるのです。

Braveでは、このフィンガープリントを取得させないようにランダム処理を入れて、ブラウザを再起動するたびに意図的にフィンガープリントが変わるように工夫しています。

▶ Googleに不必要な情報を渡さない

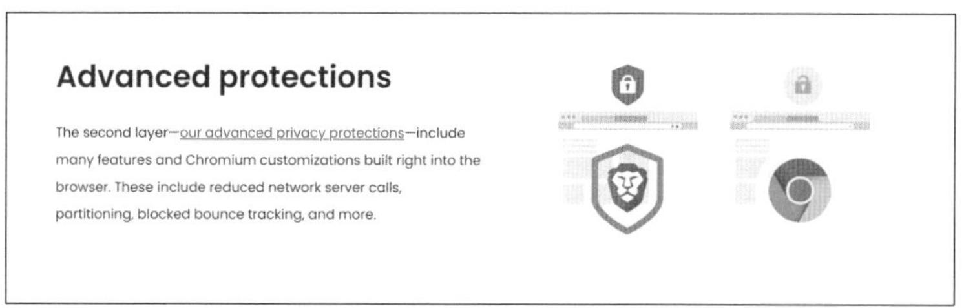

通信データを変換してトラッキングを防止

https://brave.com/privacy-features/

Braveは、Googleが開発したChromium（クロミウム）というオープンソースのブラウザエンジンをベースとしています。

Braveでは、Chromiumに含まれるプライバシーに害を及ぼす機能を無効化するとともに、Googleとの通信を仲介する形でBraveサーバーが間に入るようになっていいます。そこで通信される情報をいろいろと変換することで、Googleが利用者の行動をトラッキングすることを防止しています。

このようにプライバシー保護に非常に力を入れているのがBraveの特徴です。

ただ、Googleとの通信の例のような、通信データを自動変換するという仕組みは、諸刃の剣でもあります。性善説に立てば非常に良い仕組みですが、性悪説に立つとBrave側が故意に通信内容を変更しても、利用者が全く気付かないという事態になりかねません。実際に事件も起こっており、その内容を紹介します。

Braveが勝手にアフィリエイトのコードを挿入

まだ技術的に過渡期という部分もあり、Braveが通信内容を自動変換することによる問題も発生しています。このニュースが、その実例です。

Attack of the 50 Foot Blockchain

Blockchain and cryptocurrency news and analysis by David Gerard

The Brave web browser is hijacking links, and inserting affiliate codes

6th June 2020 - by **David Gerard** - 27 Comments.

> It's as if Brave is performance art put on by Mozilla's advertising department.
>
> — heavyset_go, Hacker News

The Brave web browser sells itself on privacy, security and ad-blocking. It also has its own cryptocurrency, the Basic Attention Token.

As such, it's a favourite with crypto people — or ones who don't know how to install uBlock Origin, anyway. [*uBO Firefox*; *uBO Chrome*]

Braveがアフィリエイトコードを挿入した事件の記事
https://davidgerard.co.uk/blockchain/2020/06/06/the-brave-web-browser-is-hijacking-links-and-inserting-affiliate-codes/

当時、Braveで「binance.us/」という文字をアドレスバーに入力すると、「binance.us/ref=35089877」というアフィリエイトコードが勝手に挿入されていたというものです。

アフィリエイトとは、商品を紹介した人が紹介料を得るためのプログラムで、アフィリエイトコードとは紹介人を特定するために付けられた一意のコードのことです。

つまり、この例では、特定の誰かが利益を得るためにアフィリエイトコードを付加したのだと、多くの人が感じることになりました。

Braveは、この動作が意図しないものであったとし、既にこの機能を修正済みです。

アドレスバーで、途中まで文字列を入力すると残りの文字を補完する機能の実装にあたって、エンターキーを押す前に提案すべきものを、エンターキーを押した後で追加してしまうという誤りがあったと説明されています[注3]。

注3：https://brave.com/referral-codes-in-suggested-sites/

ブレンダン・アイク - ブラウザの歴史を作った人

ブレンダン・アイク（Brendan Eich）氏は、1961年生まれのアメリカ人技術者です。

彼は、今も世界中で広く使われているJavaScriptというプログラミング言語を生み出しました。また、世界最初のウェブブラウザであるNetscapeの開発を行い、その後はMozilla財団を共同創設してFirefoxというウェブブラウザ等を開発し、現在はBraveを開発しているBrave SoftwareのCEOを務めています。

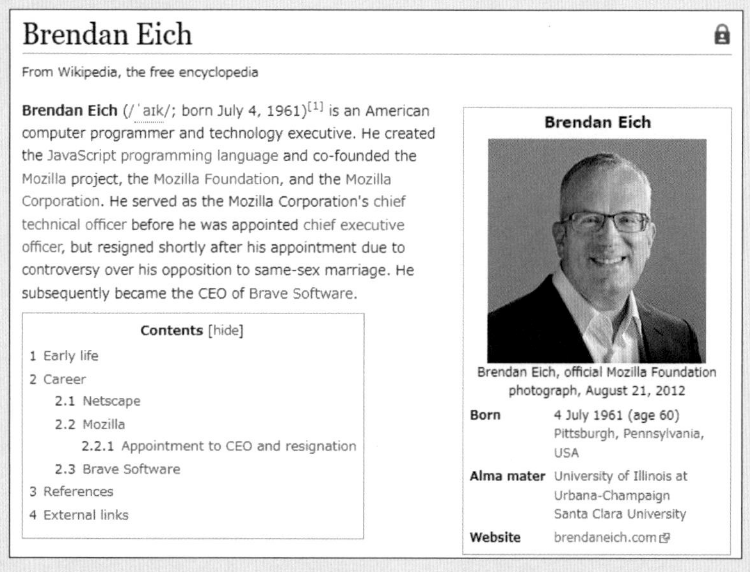

Brendan Eich

From Wikipedia, the free encyclopedia

Brendan Eich (/ˈaɪk/; born July 4, 1961)[1] is an American computer programmer and technology executive. He created the JavaScript programming language and co-founded the Mozilla project, the Mozilla Foundation, and the Mozilla Corporation. He served as the Mozilla Corporation's chief technical officer before he was appointed chief executive officer, but resigned shortly after his appointment due to controversy over his opposition to same-sex marriage. He subsequently became the CEO of Brave Software.

Contents [hide]

1 Early life
2 Career
2.1 Netscape
2.2 Mozilla
2.2.1 Appointment to CEO and resignation
2.3 Brave Software
3 References
4 External links

Brendan Eich

Brendan Eich, official Mozilla Foundation photograph, August 21, 2012

Born	4 July 1961 (age 60) Pittsburgh, Pennsylvania, USA
Alma mater	University of Illinois at Urbana-Champaign Santa Clara University
Website	brendaneich.com

ブレンダン・アイク氏のWikipediaのページ

https://en.wikipedia.org/wiki/Brendan_Eich

彼はMozilla財団のチーフアーキテクト、Mozilla CorporationのCTOを歴任し、2014年にはMozilla CorporationのCEOを務めますが、11日で辞任します。彼が同性婚に反対する法案を支持したことに対して、活動家からの攻撃にあったことが背景でした。

その後、2015年にBrave Softwareを設立します。

その原点にあったのが、**ウェブの広告モデルを変える**ということです。

今のウェブ広告は、広告主がアドネットワークに依頼する仕組みです。アドネットワークとは、ウェブサイトやSNS等の複数のメディアに広告を配信するネットワークのことで、例えば、Googleディスプレイ広告（GDN）やYahooディスプレイ広告（運用型）等があります。

アドネットワークは広告効果を測定して改善を行うために、Cookie（クッキー）という技術やフィンガープリント等、様々な技術でトラッキングを行っています。そのような広告表示とトラッキングのために多くの通信が使われ、ウェブページの表示が遅くなることもあります。そして、ユーザーが意図しない形で大量にデータが蓄積され、プライバシー保護の面から懸念が強まっていました。

Braveは、広告主がアドネットワークに広告料を支払うのではなく、ブラウザの構築者（Brave）に支払うという画期的なビジネスモデルなのです。そして、得られた収益をコンテンツのクリエイターにも、コンテンツを閲覧する人にも、それぞれ分配するようなインセンティブ設計を行っています。このような細かな報酬体系を実現したのが、仮想通貨の技術だったのです。

Braveのこのようなビジネスモデルはあまり知られていないものの、Brave自体は広告をブロックする効果が高いこともあり、2023年には、さらに知名度を上げていくように思います。

今後、ウェブの広告モデルがどう変わっていくのか、さらに注目したいところです。

35 The Graph - Web3の検索プロトコル

The Graphは、ブロックチェーン上の各サービスで扱っている膨大なデータを、検索しやすくするためにインデックス化（検索用の目次作成）することに特化したサービスです。「ブロックチェーン界のGoogle」と呼ばれています。

2018年1月にヤニフ・タル氏、ジャニス・ポールマン氏、ブレンダン・ラミレス氏の3名によって設立されました。

KEYWORD

- Web3サービスの検索
- 検索インデックス
- The Graph
- GraphQL
- Decentraland

GraphQLを使った検索

The Graphはブロックチェーン内のデータを検索できるサービスです。ですが、ブロックチェーンの中を検索するというのは、どういうことなのでしょうか。まずは実例を見てみましょう。

Chapter 3のメタバースの説明の中で、Decentralandというサービスを紹介しました。

Decentralandのイメージ（再掲）

https://decentraland.org/

この世界の中では、土地を取引できるようになっています。土地の取引には、仮想通貨（MANA）を使います。

では、Decentralandの中には実際にどれくらいの数の土地が存在するのでしょうか。

ここで、The Graphの出番です。既にDecentralandの様々な情報については取得、整理が行われ、検索可能な状態になっています。

検索には、**GraphQL**（Graph Query Language）という言語を使います。データベースへの問い合わせ（クエリ）に使われるので、Query Languageという言葉がついています。

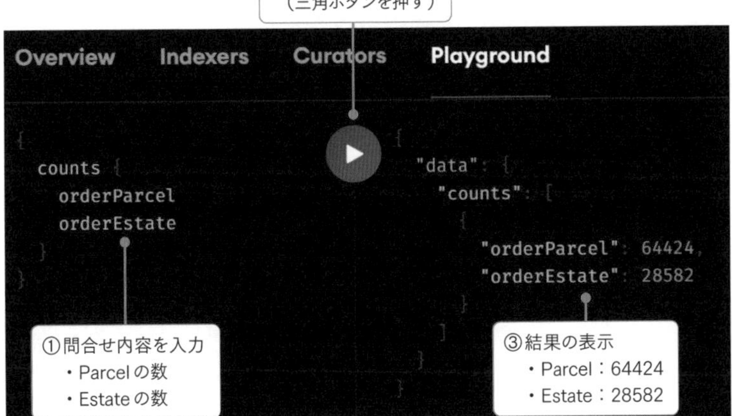

GraphQLでの検索結果の一例
https://thegraph.com/explorer/subgraph?id=0xde9ca5aff3b7b7f3a29728451c446bda154c0ece-0&view=Playground

The Graphのウェブサイトの、Decentralandの情報を検索できる画面で、実際にGraphQLを試すことができます。

記載サンプルが用意されているので、それを参考にParcel（Decentralandの土地区画の最小単位）とEstate（隣接するParcelを組み合わせたもの）の数を問い合わせると、即座に現時点の数量が返ってきました。

これは一見すると当たり前の機能にも思えますが、実はブロックチェーンの世界では、このように様々な軸で検索や集計を行うことが今までは難しかったのです。

既に説明したとおり、ブロックチェーンは取引情報を束ねた「ブロック」が、時系列順につながっています。この中に取引が何件あるか数えるためには、先頭から全てのブロックの情報を調べる必要があり、簡単な作業ではありません。

そこで、あらかじめ検索や集計に使いそうな情報を収集しておいて、検索用のインデックス（目次情報）として整理するのです。そうすれば、様々な問い合わせに対して瞬時に回答することができます。

検索インデックス作成への動機付け

問題は、この検索インデックスの作成作業を誰が担当するかです。

身近なサービスの仕組みから考えてみましょう。Googleは検索エンジンとして瞬時に検索結果を返してくれますが、もちろんその裏では、コンピュータが世界中のウェブサイトの情報を収集（クロール）しているわけです。さらに、利用者にとっての価値の高さで順位づけしながら巨大なインデックスを作成し、リアルタイムにその内容を更新し続けています。

そのような作業は、Googleが巨大な広告収益モデル（Google広告、AdSense）を持っており、利用者に対して無料で検索サービスを提供しても広告収入で十分賄うことができるからこそ、実施できているのです。

同じ仕組みをブロックチェーンの世界に持ち込んだのが、The Graphです。The Graphでは、**GRT**という仮想通貨が使われます。

勘のいい方は推測できるかもしれませんが、インデックスを作ることに対して仮想通貨GRTでの報酬を与えることで、インデックスの作成や更新を促しています。

The Graphの利用者は、検索を利用する度に仮想通貨で利用料を払います。

その一部が、インデックス作成者をはじめとする、次に説明する各役割への報酬に充てられているのです。

緻密に設計された役割分担

このような仕組みを作るためには、組織内の権限や役割分担を緻密に設計することが必要です。

The Graphでは、大きく4つの役割が定められています。

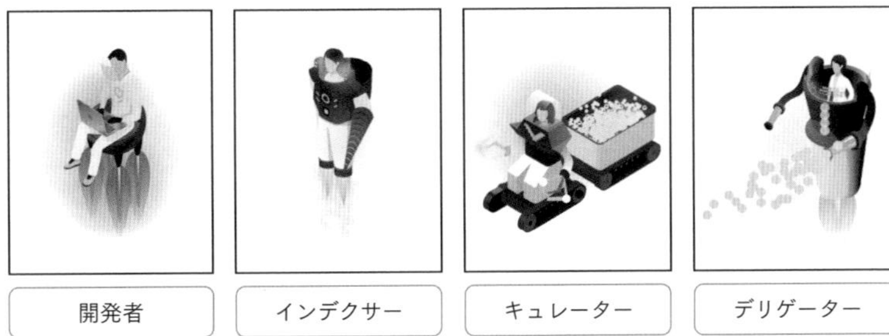

The Graphの4つの役割

https://thegraph.com/docs/en/

▶開発者

Web3のサービス（DApps）を作る開発者のことです。The Graphにあらかじめ用意された機能があるので、それを組み込んで自身のサービスの開発を行います。

サービスの利用者が検索サービスを使う度（クエリを利用するごと）に、開発者に対して仮想通貨GRTで報酬が支払われます。

▶インデクサー

検索用のインデックスを作成する人です。各ブロックチェーンからデータを収集し、The Graphのデータベース（PostgreSQLという汎用のデータベース管理ソフトウェアが使われています）に保存します。

なお、インデクサーになるには、一定量以上のGRTを預け入れる必要があります。

Setup	CPUs	Memory in GB	Disk in TBs	VMs (CPUs)	VMs (in GB)
Small	4	8	1	4	16
Standard	8	30	1	12	48
Medium	16	64	2	32	64
Large	72	468	3.5	48	184

インデクサーに求められるコンピュータの要件

https://thegraph.academy/indexers/indexer-requirements/

また、図のようなスペックのコンピュータも準備する必要があります。最低でも、CPUを4個積んだものが必要なので、かなりハイスペックなパソコンか、サーバーレベルのコンピュータが必要です。その他に、技術的知見もかなり必要です。

▶キュレーター

キュレーターは直訳すれば学芸員という意味です。キュレーターは、優先してインデックスを作るべきと考えたサービスに、仮想通貨GRTを「賭ける」のです。賭けたサービスの検索が利用されることで、報酬を得ることができます。

Web3のサービスが多数ある中で、どのサービスを対象として検索インデックスを作ればよいのか、その選択にも市場原理を取り入れたのがキュレーターの仕組みです。The Graphの中でも特に面白い仕組みだと思います。

▶デリゲーター

元になっている英単語のDelegateとは、委任する、委譲するという意味合いです。デリゲーターは、自分が保有するGRTをインデクサーに委任することで、その報酬の一部を得ることができます。

専門知識がなくても手数料収入を得ることができるという、比較的簡易な役割となっています。

検索対象にしてほしいサービスは、誰でもThe Graphにエントリーすることができます。それを**サブグラフ**と呼んでいます。

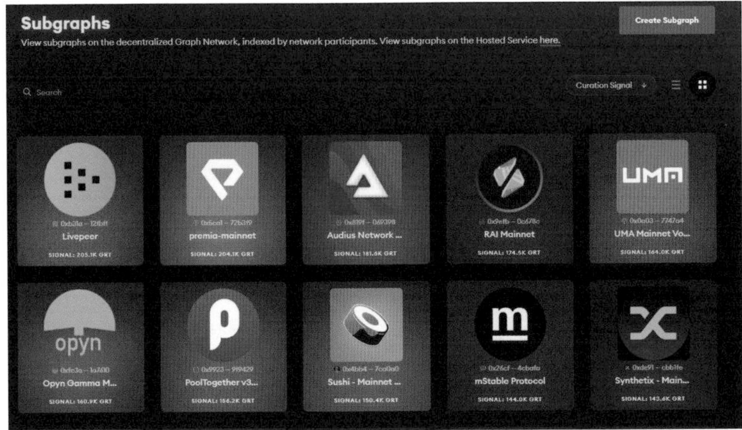

サブグラフの一部

https://thegraph.com/explorer

図が、サブグラフの一覧を確認できる画面です。先ほど、Decentralandの例を説明しましたが、実はそれもサブグラフの1つでした。

キュレーターは投資すべきサブグラフを見極めて、そこにGRTを預け入れます。

この画面では、キュレーターの投資額(Curation Signal)の多い順にサブグラフが並んでいます。多くのキュレーターが多額を投資するほど、それがシグナルとなってインデクサーに伝わるようになっています。

キュレーターは、サブグラフに投資することで株を得られるのですが、早く投資するほど儲けられる仕組みになっています。サブグラフごとに、次のような結合曲線(bonding curve)が設定されており、このロジックに沿って、投資したときに得られる株の量が決まります。早く投資したほうが、割安に株(share)を得ることができるのです。

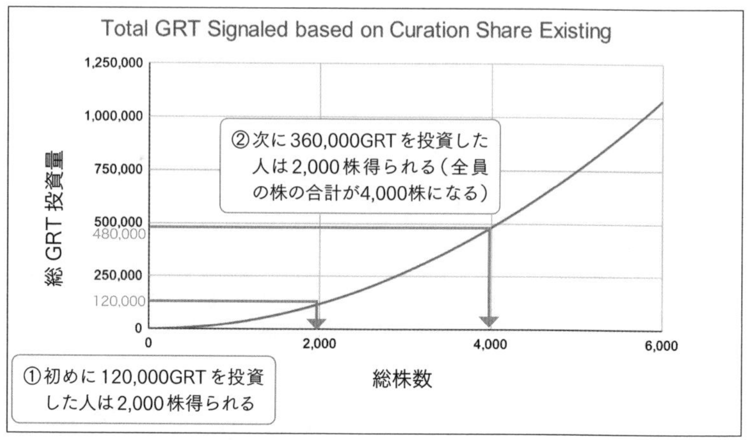

このグラフに沿って得られる株の量が決まる。早く投資するほど儲けられるようになっている。

https://thegraph.com/docs/en/network/curating/

1. 最初のキュレーターが、このサブグラフに120,000GRTを投資する → 2,000株を得ることができる
2. 2人目のキュレーターが、このサブグラフに360,000GRTを投資する → 2,000株を得ることができる

すなわち、同じ2,000株を得るのに、必要な資金が3倍も異なるということです。

なお、この効果は、株を売るときには逆向きに働きます（実際には、買い手がいるわけではないので、償却（burn）という動きになります）。

1. いずれかのキュレーターが、2,000株を手放す → 360,000GRTを得ることができる
2. 残りのキュレーターが、2,000株を手放す → 120,000GRTを得ることができる

同じ2,000株を売るにも、早く売ったほうが、多くのGRTを得ることができます。

そして、この株を保持していると、サブグラフの検索インデックスが利用されることによる報酬を得ることができます。

報酬が多く得られると思えば株を保持し続けるでしょうし、見込みがなくなったと思えば一刻も早く株を売るでしょう。このようなメカニズムで、キュレーターはサブグラフの価値を見定めるモチベーションを維持することができるのです。それにより、インデクサーも安心して、注目度の高いサブグラフのインデックス作成に集中することができます。

このように、結合曲線という仕組みを通じてキュレーターとインデクサーの力を合わせ、価値の高いサブグラフに対して多くの能力を注ぎ込むことができるのです。

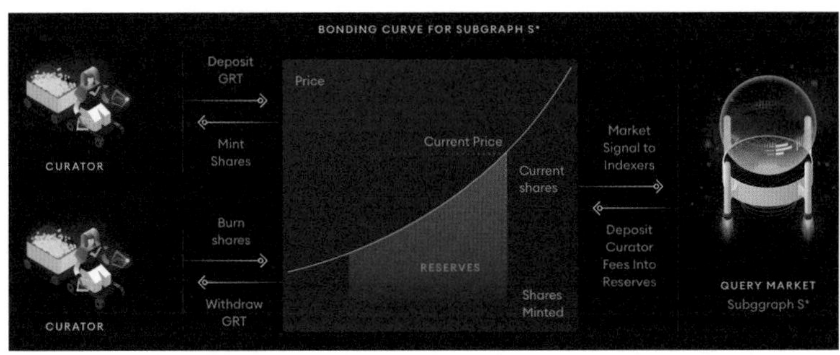

キュレーターと結合曲線の関係性

https://thegraph.com/docs/en/curating/

このThe Graphの仕組みも含めて、Web3のサービスは、報酬に関するルールと組織内の役割分担や牽制関係を緻密に設計したものが多いです。

これらの仕組みは、これまでも机上で考えられることはあったのでしょうが、実際のサービスとして展開されることはありませんでした。

ブロックチェーンやスマートコントラクトの技術を使うと、ごく少額の決済から多額の決済までを、比較的安価な手数料で、確実に自動実行する仕組みが構築できます。それを活用することで、このように**細かなインセンティブ設計を組み上げて新たなエコシステム（生態系）を作ることができる**のです。

Web3が世界を変える技術と言われている本質は、ここにあります。

36 その他の先進的なサービス

非常に特徴的なものに絞って4例を紹介しましたが、その他にもWeb3らしい様々な特徴を持ったサービスが登場しています。
代表的なものについて、ごく簡単に紹介します。

KEYWORD
- ICP
- Orchid
- Enjin Coin
- Steemit

特徴的なWeb3のサービス

▶ ICP（インターネットコンピュータ）

https://internetcomputer.org/

クラウドサービス（コンピュータを所有する必要なく、利用料を支払うことでコンピュータの能力を使うことができるサービス）を、ブロックチェーン上に構築するというサービスです。

▶ Orchid（オーキッド）

https://www.orchid.com/

VPNサービス（通信内容を暗号化して、仮想的な専用線として利用できるサービス）を、ブロックチェーン上に構築するというサービスです。

▶ Enjin Coin（エンジンコイン）

https://enjin.io/

オンラインゲームのプラットフォーム（Enjin Platform）を提供するサービスです。様々なゲームの中に仮想通貨やNFTを導入することができます。

▶ Steemit（スティーミット）

https://steemit.com/

ブロックチェーン上にソーシャルメディアを構築するというサービスです。記事を投稿することで、報酬を受け取ることができます。

Chapter 7

規制についての動き

37 各政府機関の動き

Web3の各サービスが急速に市場を広げる中で、無秩序に経済活動を許すのではなく、既存の枠組みと同様に規制を行うべきという観点から、既に様々な検討が行われています。

一方で、日本の既存ルールでは特に税制度面において制約が大きくなっています。このままでは日本でWeb3が発展しないので、もっと規制を緩めるべきという考え方もあり、様々なところで関係者による検討が進んでいる状況です。

KEYWORD

- 規制の現状
- フィンテック
- 各省庁の取り組み
- 税金の問題
- SECの動き

金融庁の動き

金融庁では、利用者保護やマネーロンダリング対策の観点から、今後の対応方針について研究を進めています。

金融庁が公開しているFinTech Innovation Hubの活動報告から、キーポイントとなる部分を見ていきましょう。

FinTech Innovation Hub 活動報告[第2版]

2021年7月
金融庁

※ 本活動報告は、2018年7月に金融庁内に設置した「FinTech Innovation Hub」の、主に2020年7月から2021年6月までの活動をまとめたもの。
※ なお、本活動報告において取り上げている内容は、実施時点のものであり、その後の事情変更等は反映されていない。
また、具体的で分かりやすい記述とするため、事例紹介等を行っているが、金融庁として、その内容を保証するものではない。

FinTech Innovation Hub 活動報告[第2版](2021年4月 金融庁)
https://www.fsa.go.jp/policy/bgin/FIH_Report_2nd_ja.pdf

FinTech Innovation Hubとは、金融庁が**フィンテック**に係る最新のビジネス・技術の動向を把握し、金融行政に役立てていくという観点から、2018年7月に設置したものです。フィンテックとは、金融（Finance）と技術（Technology）を組み合わせた造語で、金融サービスと情報技術を結びつけた様々な革新的な動きを指しています。

この活動報告の中では、特に「ブロックチェーンに基づく分散型金融」、すなわちDeFiへの取り組みについて重点的に説明されています。

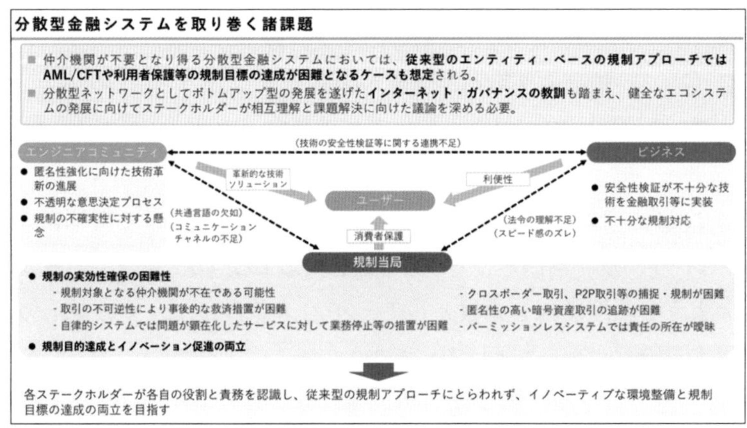

「ブロックチェーンに基づく分散型金融」への取り組み

https://www.fsa.go.jp/policy/bgin/FIH_Report_2nd_ja.pdf

この図に、金融庁の課題認識が端的に示されています。

> 仲介機関が不要となり得る分散型金融システムにおいては、従来型のエンティティ・ベースの規制アプローチではAML/CFTや利用者保護等の規制目標の達成が困難となるケースも想定される。

「ブロックチェーンに基づく分散型金融」への取り組みより

ここで、**AMLとはマネーロンダリング対策**（Anti-Money Laundering）、**CFTとはテロ資金供与対策**（Countering the Financing of Terrorism）を指しています。

このような犯罪に対する規制が困難になる点を、大きな課題として捉えています。そして、規制が困難となる具体論点として、次の６つを挙げています。

- 規制対象となる仲介機関が不在である可能性
- 取引の不可逆性により事後的な救済措置が困難
- 自律的システムでは問題が顕在化したサービスに対して業務停止等の措置が困難
- クロスボーダー取引、P2P取引等の捕捉・規制が困難
- 匿名性の高い暗号資産取引の追跡が困難
- パーミッションレスシステムでは責任の所在が曖昧

やはり、1点目にも掲げられているとおり、規制対象とする機関自体がないということが、規制当局としては最も頭を悩ませる点だと考えられます。

このような課題認識を背景として、2021年7月に、今後の対応のあり方を検討する研究会を立ち上げています。

金融庁ウェブサイト「デジタル・分散型金融への対応のあり方等に関する研究会」のページ

https://www.fsa.go.jp/singi/digital/index.html

2021年11月に、中間論点整理が公開されています[注4]。その後、2022年度も継続的に検討会が開催されています。今後、この研究会でも規制のあり方を含めて具体的な検討が行われ、提言が出されると想定されます。

また、同じ金融庁関係で、「金融審議会 資金決済ワーキング・グループ」の報告書も2022年1月に公表されています[注5]。こちらでも、例えばAMLやCFT業務を共同化して実施する機関を活用するための制度枠組み、ステーブルコインに対する規律の考え方など、今後の方針が示されています。

デジタル庁の動き

デジタル庁も、2022年10月にWeb3.0研究会を立ち上げて、検討を行っています。同年12月には、研究会の報告書[注6]を公表しています。環境変化の激しい状況の中で、各団体が連携して課題に向き合っていくことを含めて、今後の環境整備等について提言されています。

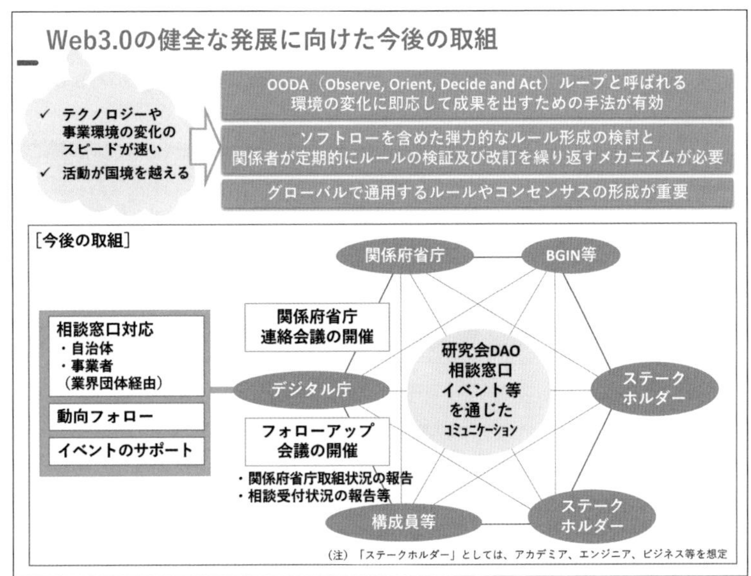

「Web3.0研究会報告書の概要」で紹介されている今後の取り組み
https://www.digital.go.jp/assets/contents/node/basic_page/field_ref_resources/a31d04f1-d74a-45cf-8a4d-5f76e0f1b6eb/844a5e4e/20221227_meeting_web3_report_01.pdf

消費者庁の動き

消費者庁も、消費者保護の観点からWeb3の各サービスの状況を調査し、注意喚起を行っています。

例えば、NFTについても過去の相談事例等を調査しています。

NFTに関連した消費生活相談の状況（相談事例）

1．NFT（と称するもの）を投資目的等と称して購入させるが、返金等がされないもの

【事例１】
NFTゲームのキャラクターのオーナーになると儲かると業者から説明を受けて約100万円を払ったが、騙されたので返金してほしい。

【事例２】
動画サイトでNFTアートで稼ぐオンラインサロンを知り、申し込んだが何も提供されず、信用できないので解約したい。

消費者庁が公開したNFT関連の相談事例の一部

https://www.caa.go.jp/policies/policy/consumer_policy/meeting_materials/assets/internet_committee_220715_04.pdf

ここでは、NFTのゲームのキャラクターのオーナーになると儲かるということで100万円を払った例、NFTで稼ぐオンラインサロンに入会してしまったが解約したい例などが紹介されています。

また、NFTに関連する法的課題、あるべきビジネスモデル、サービス提供企業の消費者保護の取り組み等について、検討している資料も公開されています[注7]。

注4：https://www.fsa.go.jp/news/r3/singi/20211117/seiri.pdf

注5：https://www.fsa.go.jp/singi/singi_kinyu/tosin/20220111/houkoku.pdf

注6：https://www.digital.go.jp/assets/contents/node/basic_page/field_ref_resources/a31d04f1-d74a-45cf-8a4d-5f76e0f1b6eb/a53d5e03/20221227_meeting_web3_report_00.pdf

注7：（参考）https://www.caa.go.jp/policies/policy/consumer_policy/meeting_materials/review_meeting_002/029437.html

4.1 NFTに関連する事業者の取組例

■ NFTに関連する事業者の取組例（事業者やサービス内容等により異なる）

取組	取組概要
発行者の審査	• NFT発行者を審査し、審査を通った発行者のNFTのみを出品可能としているマーケットプレイス事業者がある。 • アカウント検証を行い、検証済のアカウントには公式マークを付与しているマーケットプレイス事業者がある。
本人確認、アカウント数の制限	• アカウントの開設にあたって本人確認を行っている事業者がある。 • NFTの購入にあたって一定金額以上の入札を行う場合に本人確認を求めているマーケットプレイス事業者もある。 • 同一人が複数のアカウントを開設できないようしているマーケットプレイス事業者もある。
取引可能なNFTの制限	• 取扱可能なNFTを規定し、それ以外のNFTはマーケットプレイスに掲載できないようしている事業者がある。 • 暗号資産に該当するNFTは取り扱わないと利用規約に規定しているマーケットプレイス事業者がある。
NFTを保有することによって可能となる行為等の表示	• 出品された個々のNFTの説明画面に、当該NFTを保有することによって可能となる行為等の範囲等を表示しているマーケットプレイス事業者がある。
不正なNFTの監視等	• 他者の権利を侵害したり、利用規約に違反したりするNFTがないか監視し、必要に応じて出品停止や削除等の対応を行っている。 • 利用規約に違反しているNFT等について、利用者から通報を受け付ける機能を提供するオンラインマーケットプレイス事業者がある。 • 偽物NFTについて注意喚起を行っているマーケットプレイス事業者がある。
不審な取引等の監視	• 不正ログインや不審な取引がないかモニタリングし、必要な対応を行っているマーケットプレイス事業者がある。

（出所）事業者、業界団体へのインタビュー調査、事業者Webサイト等より作成

41 Mitsubishi UFJ Research and Consulting　MUFG

第45回インターネット消費者取引連絡会（2022年6月23日）の資料の一部

https://www.caa.go.jp/policies/policy/consumer_policy/caution/internet/assets/internet_committee_220715_08.pdf

自民党の動き

政党としては自民党でも、Web3について継続的に議論が行われています。

現時点で特に参考になると思われるのが、自民党が2022年3月に提言としてまとめている「**NFTホワイトペーパー（案）**[注8]」です。

タイトルこそNFTとなっていますが、Web3の全般事項について、今後の規制の見直し方向等を提言した資料となっています。

例えば、ビジネス面での発展に必要な施策が、次のようにまとめられています。

注8：https://www.taira-m.jp/NFTホワイトペーパー案20220330_概要版.pdf

②NFTビジネスの発展に必要な施策

問題の所在	提言
2. ランダム型販売と二次流通市場を組み合わせたNFTビジネスの賭博罪該当性が懸念されている	賭博罪の成否につき、関係省庁から事前に見解を求めることができる仕組みを整備すべき。少なくとも一定の事業形態が賭博に該当しないことを関係省庁から明確に示すべき
3. 外見上違いがないNFTが多数発行される場合に、当該NFTが暗号資産に該当するかが不明確	当該NFTが決済手段等の経済機能を有するか否かなどを念頭に、例示やセーフハーバーを設けるなどして、金融庁において、解釈指針を示すべき
4. NFTプラットフォーマーが暗号資産決済についてエスクローサービスを提供した場合、暗号資産交換業に該当するかが不明確	エスクローサービスにおける暗号資産の管理を、一定の条件の下で許容することを、金融庁においてガイドライン等に明記するなどの方法で解釈指針を示すべき
5. 銀行グループがNFT関連ビジネスを行おうとする場合、業務範囲規制との関係で法的位置付けが不明確	銀行業高度化等会社の認可取得において、過度に保守的にならない運用を確保すべき。金融庁において一定の例示を行うなど指針を示すべき
6. スポーツ・エンタメ業界などにおいて、二次流通にかかる実演家のロイヤリティ収受の権利関係の整理が十分にされていない	ソフトローの定立や新たな立法により、パブリシティ権の内容及び範囲の明確化を図るべき。NFTの二次流通から得られた収益還元のルール整備を行うべき
7. 複数のメタバースサービスでデジタル資産を相互利用する際に必要となる仕組みの共通化が未実現	日本の事業者がデファクトスタンダード確立に向けた、国際的な議論をリードできるよう、政府が積極的にイニシアチブを発揮し、業種横断的な情報収集や議論の場が設けるべき

NFTビジネスの発展に関する問題とその施策

NFTホワイトペーパー（案）概要版より

NO.2には、賭博罪の成否とあります。これについては米国での例が参考になるでしょう。米国ではスポーツ選手のプレー動画をカード形式にしたNFTが人気を博して、高額で取引されています。そして、このNFTをランダムに含めたパッケージも販売されています。運が良ければ人気の高いNFT、つまり希少価値があり高値で販売できるNFTを手に入れることができるのです。

ただ、日本でこのようなサービスを展開した場合には、賭博罪の構成要件に該当してしまう可能性があります。

賭博罪の構成要件は、簡単に説明すると、①勝敗の偶然性、②財産上の利益の得喪の両方に該当することです。ランダムに高額NFTを取得できるというサービスを行うと、両要件に該当する可能性を否めません。

正確には、これらのサービスが賭博罪に当たるかどうかについて、法務省等の関係省庁から見解が示されたことがなく、事業者としてはグレーゾーンに踏み込むことがリスクになっているという状態です。

NFTだけに限らず、DAOでトークンを発行する場合にも同じことが言えます。エア・ドロップ（ある条件を満たしたメンバーに、トークンを追加で無料発行する）といった手法を含めて、トークンの発行方法によっては賭博罪に該当しかねないというリスクがあります。

賭博罪以外にも、様々なグレーゾーンの問題があります。自民党の提言では、これらの問題に対して関係省庁が見解を示し、ガイドライン等を策定すべきであるとしており、今後の動きに期待したいところです。

また、様々な問題がある中でも、最もクリティカルと思われるのが税金の問題です。日本では、現状Web3に関する税率が諸外国に比べても非常に高くなっており、Web3の関係企業・個人が、海外へ逃避せざるを得ない状況になっています。

⑤ NFTビジネスを支えるBCエコシステムの健全な育成に必要な施策

問題の所在	提言
15. 自社発行の保有トークンに対する時価評価課税の負担が非常に重く、ビジネスの海外流出の要因に	発行した法人が自ら保有するトークンは、期末時価評価の対象から除外し、実際に収益が発生した時点で課税するよう税制改正や取り扱いの見直しを行うべき
16. 新規暗号資産を発行する際の事前審査に長期間を要する	諸外国に比してトークン審査が過度に煩雑でないかを継続的に検証し、利用者保護に配慮しつつも、必要に応じた審査基準の緩和を行うべき
17. 投資事業有限責任組合（LPS）の投資対象事業に、暗号資産やトークンの取得・保有が明示的に含まれない	LPS法の改正や解釈明確化により、LPSによる暗号資産やトークンを取得・保有する事業への投資を可能にすべき。また、GPIF等によるブロックチェーン関連事業への投資の可能性について検討すべき
18.暗号資産を発行・保有する企業が、会計監査を受けられない事例が存在し、ビジネス発展の重大な支障に	会計監査を受けられない理由を明確化し、必要があれば会計基準の明確化を行うべき。また、NFT取引に適用される会計基準についても、明確化に向けた検討を早急に行うべき
19.個人の暗号資産取引の損益に、雑所得として最高55%の所得税・住民税が課される	個人の暗号資産取引の損益も、上場株式等の取引と同様に、20%の税率による申告分離課税の対象とすることも含め、検討を行うべき
20.国境を跨ぐNFT取引について、所得税・法人税・消費税の課税関係が一部不明確	海外当局と協力して、課税関係の明確化と、課税の公平性を担保するために必要な体制整備を行うべき

NFTビジネスの税金に関する問題とその施策

NFTホワイトペーパー（案）概要版より

No.19にその問題が示されています。現行制度では、株取引で利益を得た場合は申告分離課税（給与収入等の他の所得とは合算せずに別扱い）とされ、利益の20%だけが課税されます。その一方、仮想通貨（暗号資産）で利益を得た場合には、総合課税（他所得と分離せずに合算する）とされ、さらに雑所得として最大55%も課税されてしまいます。

この問題に対しては、早急に見直すといった強いトーンではありませんでしたが、株取引と同様とすることも含めて検討を行うべきとしています。

提言本体の実際の文章を引用します。

> 個人が行う暗号資産の取引により生じた損益について、20％の税率による申告分離課税の対象とすること等を含めた暗号資産の課税のあり方については、暗号資産の位置付けや課税の公平性を踏まえつつ、検討を行う必要がある。

NFTホワイトペーパー（案）より

特に、DAOが発行するガバナンストークンについては、議論が複雑になりそうです。ガバナンストークンとは、もともと組織を効率的に運営してガバナンスを働かせるための目的で発行されるものです。ただ、そのトークンが広く流通することによって、副次的に売買目的でトークンを保有する人も出てきます。しかしもちろん、全ての人が売買目的で保有しているわけではありません。

特に、DAOの創設メンバーや運営企業は、初期に大量のガバナンストークンを自ら発行し保有することになります。そのトークンを年単位で時価評価され、その含み益に対して課税されると、運営者は大量にトークンを手放すしかありません。しかし、大量にトークンを手放したところで全てを時価で販売することは困難ですから、結果的に破産してしまうという最悪の事態になりかねません。

このように税金については大きな問題が発生していて、この状態が早期に改善されなければ、日本でWeb3が発展することは望めそうにありません。一方で、負担の公平性を重視する税金の問題であるため、一朝一夕に決められる議論でもないように思います。業界関係者も強く問題提起しているテーマであり、今後の状況を注視したいと思います。

DAOについても、言及されています。

⑤ NFTビジネスを支えるBCエコシステムの健全な育成に必要な施策	
問題の所在	提言
21. 分散型自律組織(DAO)に適用される法令、法律上の位置付け、構成員・参加者の法的な権利義務の内容、課税関係などが不明確	DAOは社会課題を解決するツールとなる可能性を秘めており、世界的な潮流を踏まえつつ、日本法における位置付けやDAOの法人化を認める制度(DAO特区、BC特区等)の創設について早急に検討すべき
22. BC技能に長けた日本の起業家・エンジニアが、厳しい規制や重い税負担を嫌い、海外に移住。また、海外の起業家・エンジニアも訪日を躊躇	短期的には、起業家・エンジニアに魅力的な開発環境、税制を実現すべき。また、海外人材向けに、暗号資産関連ビジネスに一定の知識・技能を有する人材向けの特別ビザ(クリプトVISA)の発給等、流入を促す施策を実施すべき。長期的には、デジタル関連の先端技術の人材の育成・確保に取り組むべき

DAOに関する問題と施策

NFTホワイトペーパー(案)概要版より

No.21にあるように、日本ではDAOの法的位置づけが決まっておらず、DAOの法人化を認める制度(DAO特区、ブロックチェーン特区等)もありません。

提言の本体の中では、米国ワイオミング州のDAO法人を認める法律も引用しながら、日本においても立法的措置を早期に整備することを提言しています。

> 日本法におけるDAOの法的位置付け、構成員・参加者の法的な権利義務の内容、課税関係等を早急に整理し、DAOの法人化を認める制度の創設を早急に検討すべきである。

NFTホワイトペーパー(案)より

提言書にはこのように記載されており、特区という形での先行的な実証実験についても視野にあるようです。

その後、2022年8月末には、「追加的提言[注9]」もまとめられました。

この提言は、米国を始めとして世界各国がWeb3で先行している現状の中で、日本に閉じた環境で国内ルールを整備するのではなく、日本がグローバルのエコシステムに主体的に加わることを目標としています。

そして、Web3人材の国際的な流動促進、1兆円規模の国家資金のWeb3スタートアップへの投資等を提言しています。

このような提言を受けて、具体的な活動が進むことを期待したいところです。

注9:NFTホワイトペーパーへの追加的提言 https://www.hottolink.co.jp/download/pdf/220831_Web3JP_tsuikateigen.pdf

米国の規制当局の動き

もちろん、日本だけでなく世界各国の規制当局が、Web3への対応について注目しています。特に金融当局は、DeFiの動向を注視しています。

SEC Boss Gensler Hints that He Could Seek to Regulate DeFi

By **Tim Alper** • August 03, 2021

Garry Gensler. Source: A video screenshot, Youtube/Bloomberg Markets and Finance

The **US Securities and Exchange Commission** chief Gary Gensler will not be a "cheerleader" for crypto, a new interview has revealed – and indicated that after tightening regulations on crypto exchanges, he may well turn his attention to policing the world of decentralized finance (DeFi).

SEC委員長がDeFiに対する規制を示唆したというニュースの記事

https://cryptonews.com/news/sec-boss-gensler-hints-that-he-could-seek-to-regulate-defi-11291.htm

これは、2021年8月3日のニュースですが、SEC（米国証券取引委員会）のゲンスラー委員長がDeFiに対する規制を示唆した、とあります。

ゲンスラー委員長は、このように発言しています。

DeFiについて3年間研究してきました。私はテクノロジーに中立ですが、投資家保護について中立ではありません。私たちはそれらの投資家を詐欺か

> ら守る国としての役割を持っています。
>
> ほとんどの仮想通貨は、SEC規則に準拠しなければならない未登録の証券です。
>
> テクノロジーがより広く採用される可能性があるのは、明らかに私たちの公共政策の目標の範囲内にあることによってのみです。

ゲンスラー委員長の発言より筆者要約

これらの発言を見ると、今後、SECが投資家保護の観点から、様々な施策を打ち出してくることが想定されます。

このように、DeFiについてはサービスが先行して市場規模を増やしていく中で、その規制については追いついていないというのが現状です。

しかし、今後、様々な方針やルールが打ち出されることになると思います。

そして、2022年9月、ちょうどイーサリアムがPoSに移行する"The Merge"が無事に完了した数時間後に、ゲンスラー委員長が注目を浴びる発言をしました。「PoSを基盤とする仮想通貨は、証券法の規制対象として該当する可能性が高い」と発言したのです。

これまで、イーサリアム自体は証券法による規制対象とはなっていませんでした。発言自体はイーサリアムを名指ししたものではありませんが、発表のタイミングから考えても、今後イーサリアムも証券として規制対象に含める可能性を示唆したものと受け止められています。

イーサリアムにとっては、電力消費が圧倒的に少なく環境負荷の低いPoSへの移行がやっと完了した段階で、このような発言が出たため、出鼻をくじかれる形になりました。

いずれにしても、日本も、米国も、その他の国も、規制当局は様々なルールを確立しようと努力を続けています。

Part 3 Web3 のこれから

Chapter 8

Web3 の可能性

38 Web3がどう役立つのか

本書の最終セクションです。

これまで、数多くのサービスを紹介しました。最後に、それらの特徴を改めてまとめ直すことで、Web3が社会にとってどう役立つのかを見ていきます。

そして、Web3の今後の将来について考察してみます。

KEYWORD

- Web3のメリット
- インセンティブ設計
- Web3の将来

Web3の技術的利点

Web3にはどのような利点があるのでしょうか。

技術的には、いくつかメリットがありました。

- 大企業がデータを集中管理する必要がなく、利用者が自身のデータを所有できる。
- 匿名性を担保でき、セキュリティやプライバシーを確保できる。
- 分散型の技術により、単一の障害点がなく、信頼性が高いサービスを実現できる。

しかし、このような説明だけでは、実際にどう役立つのかが分かりにくいです。

ここからは、技術的な利点というよりも、実社会でどう役立つかという視点で整理して見ていきましょう。

Web3の社会的利点　①新たな稼ぎ方が生まれる

Web3の技術やサービスが浸透することで、今までには考えられなかったビジネスモデルで経済活動を行うことが可能となります。GameFi（P.90）での「Play to Earn」の事例が典型的でしたが、個人が家でゲームをしながら、それで生計を立てられるという状況すら生まれているのです。

また、DeFi（P.26）の進展により、レンディング、流動性マイニング、ステーキング等、保有する資産をフル回転させて利益を追求していくということが可能になっています。

さらには仮想通貨の高騰やNFT（P.46）の人気過熱もあり、一攫千金を狙った投資も増えています。特に、この分野では大成功する人と大失敗する人の両方が発生するので、仮想通貨やWeb3といった世界が色眼鏡で見られてしまう原因にもなっていると思います。

いくつかの事例を挙げる形で説明しましたが、実はこれらの稼ぎ方は、本質的に次の3種類に分類されます。

1つ目は、**労働所得型**です。

働いた対価として、報酬を得るという稼ぎ方です。GameFiでの利益は基本的に、労働所得にあたるでしょう。

ブラウザのBraveでは、利用者があえて広告を見ることで仮想通貨を得られるという仕組みがありました。現時点では報酬が少ないのでイメージしにくいですが、利用者が自分の時間や購入機会を切り売りして広告閲覧に充てているという点で、ある種の労働所得と考えられます。

2つ目は、**インカムゲイン型**です。

インカムゲインとは、資産を保有することで継続的に得られる利益のことです。一般的には利子、配当、不動産収入等が該当します。

DeFiの世界は、基本的にインカムゲインを狙うものが大半です。保有する仮想通貨などを一定期間預け入れることで、手数料や配当に相当する報酬を得ています。

なお、GameFiの世界でも、保有するキャラクターを貸し出して利益を得る形態がありますが、それはインカムゲイン型の稼ぎ方と言えるでしょう。

また、マイニング行為も基本的にはインカムゲイン型の稼ぎ方と捉えるべきでしょう。マイニングを行うためには高性能なコンピュータや、前提となる仮想通貨の資産等に投資が必要であり、その投資があるからこそ、自動実行される日々の処理から利益（マイニング報酬）が生まれています。

３つ目は、**キャピタルゲイン型**です。

キャピタルゲインとは、資産を売却することで受け取る利益のことです。株の売買等が該当します。仮想通貨自体の値上がりによる利益は、まさにキャピタルゲインです。

NFTについては、アーティストが時間を費やして創造したアートを、そのアートを純粋に楽しみたい人に販売して対価を得るという点では労働所得型ですが、本来の価値を超えて転売目的で保有するということはキャピタルゲイン型の稼ぎ方に当たります。

新たな稼ぎ方の可能性を考える

ここからは解説でなく、筆者自身の主観が入った意見になります。

Web3が創出する新たな稼ぎ方というのは、本質的には前2つの形態（労働所得型、インカムゲイン型）であるべきと考えています。なぜなら、キャピタルゲイン型の稼ぎ方は、人々の期待の大きさや市場動向等で左右されるものであり、社会全体で見たときに本質的な付加価値を生むものではなく、基本的にゼロサムゲーム（得をした人がいれば、その裏に同じだけ損をした人がいる）であるためです。

インカムゲイン型のサービスは、DeFiを始めとして既に多数登場しています。適切に投資を行った人が利益を得られる仕組みというのは資本主義の根幹であり、Web3はさらに新たな投資機会を増やしています。

一方で、これは貧富の格差を広げるという副作用を持っています。資産を持つ人がますます豊かになりますし、Web3の複雑なサービスを理解できる知識のある人がますます豊かになります。資産力と知識力のある人だけが稼げる仕組みです。

これからの社会全体が安定的に発展するためには、しっかり働いた人が見合った報酬を受けるという労働所得の仕組みも十分に供給されていることが重要だと思います。

Web3はこれまでにないビジネスモデルを生み出す技術的ポテンシャルを持っているので、今後、**労働所得型のビジネスモデルが世の中を席捲することを期待しています**。より多くの人に仕事を創出し、多くの人が付加価値を得られる仕組みです。

例えばどんなサービスが考えられるでしょうか？

新しいサービスの例

サービス名	サービスの内容
Search to Earn	有益な情報を検索することで報酬を得る（検索代行）
Knowledge to Earn	専門分野の質問に答えることで報酬を得る
Communicate to Earn	人と話すことで報酬を得る
Smile to Earn	人を笑わせて愉快にすることで報酬を得る!?

最後は冗談ですが、今まではビジネスとして成立しなかったようなニッチな需要や面倒ごとなどが、Web3によって経済価値を持つ「稼ぐ手段」に変身するかもしれません。

これまで、仮想通貨の世界が広がってきた一番の要因は、キャピタルゲインでした。仮想通貨の価値は激しい上下動を繰り返しながらも、長期的には上昇傾向が維持されてきました。

ベンチャーキャピタルが実際の世界でマネーを集め、それを有力な仮想通貨関連企業へ出資し、新たなサービスが立ち上がる度に巧妙に宣伝する。そのような活動が背景にあり、仮想通貨業界の市場規模は拡大の一途を辿ってきたのです。

しかし、キャピタルゲインを原動力とする市場拡大は、どこかで頭打ちになります。それまでの期待値が過剰だった場合は、大幅な市場崩壊につながります。1990年代のバブル崩壊や、2008年のリーマンショックは、まさにその例でした。

その意味では、今後、仮想通貨の市場が一時的に冷え込むことは十分にありうるシナリオだと思います。もっと言うならば、仮想通貨よりもNFTについて、市場が冷え込む可能性はさらに高いと思います。NFTは、本質的な価値が低いものに過剰な金額がつけられているという「**過剰期待**」の状態にあるからです。

実際に、2021年には期待が過熱しましたが、2022年になってその反動が出て、仮想通貨の相場もNFTの相場も大きく下落しています。

ただ、仮にそのようなことが起きても、Web3のサービス自体は発展を続けるでしょう。

キャピタルゲインに頼っていたサービス[注1]は淘汰されるでしょうが、労働所得やインカムゲインといった形で本質的な価値を提供しているサービスは、利用者からの根強い支持のもとで生き残ります。そして、枯れかかっていた大木が焼き払われた新草原で、新たに大きく成長することでしょう。

注1：ビジネスモデルの見た目では労働所得型やインカムゲイン型であっても、運営の実体としてはキャピタルゲイン型というサービスも、ここに含まれます。例えば、GameFiは労働所得型に見えますが、自身が発行する仮想通貨の値上がり益をプレイヤーに分配しているという実態であれば、それはキャピタルゲイン型です。報酬を払う人が誰なのか、その人が報酬に見合うほど「うれしい」かどうか（付加価値を得ているか）ということが、判断のポイントです。

Web3の社会的利点 ②インセンティブ設計に優れた組織を構築できる

もう1つ重要な利点は、Web3は新しい形態の組織を作ることができるということです。

今までの組織のインセンティブ設計では、現実的制約を考えると、どうしても最後に「割り切り要素」が必要でした。例えば、企業における人事評価を考えてみてください。歴史とともに、いろいろと変遷しています。

▶年功序列制度

もともとは、年功序列という非常に大雑把な割り切りでした。頑張っている人も頑張っていない人もいますが、経験年数が長い人に多めの給料を払っておけばよいだろう、という考え方です。もちろん、企業への忠誠心を高める、離職を避ける、子どもの教育費などお金がかかる時期に手厚く支給できるようにするなど、様々な副次的な目的もあったでしょう。

しかし、根本には実務的な限界がありました。高度成長時代(1960年代)で、コンピュータも手元にない時代に、様々な成果を客観的に可視化することは困難でした。だからこそ、大きな失点がなければエスカレーター式に昇進していくという評価制度が、安易ではありますが現実的だったのです。

▶成果主義制度・目標管理制度

その後、年功序列制度では若手のやる気が出ず他業界へ転職してしまうという問題もあり、成果主義で評価することの重要性がクローズアップされました。

その頃は、企業内でもパソコンの導入が進み、Excelや情報システムを使って、社員1人1人の業務目標と実績を細かく管理できる環境がありました。だからこそ、成果主義制度を導入することができたのです。

一方で、売上目標、新製品開発数など目標として設定した「見えやすい成果」だけを追い求め、他チームに協力する、後進を育成するといった見えにくい成果が軽視されたという欠点もありました。

▶多面評価制度

さらに、成果主義制度の欠点を修正する形で、多面評価等が導入されています。

設定した目標に対する実績だけでなく、360度評価（上司、同僚、部下からの評価フィードバックを受ける）、One on One（上司との短時間でフランクなミーティングを継続する中で本質的な気づきを得る）、パルスサーベイ（数問の簡単な質問に毎週答えてもらうことで、社員の満足度や課題について可視化する）など、様々な手法が導入されています。

これらは、コミュニケーションツールの発達、社員のITリテラシーの向上といった技術的な底上げがあったからこそ、実現した仕組みです。

だいぶ脱線してしまいましたが、ここで言いたかったことは、**技術的な環境が成熟しないと、複雑なインセンティブ設計を持つ組織を作ることはできず、どこかで「割り切り」が必要になる**ということです。

高度成長時代にも、パルスサーベイを実施したいと考えた人がいたかもしれません。しかし、手元にパソコンもスマホも通信ネットワークも何もない時代に、毎週紙を印刷して全社員にアンケートを取るということは現実的ではなかったでしょう。

Web3は、組織の中で、さらに細かなインセンティブ設計を可能とします。Chapter 6で紹介したポルカドットの例を思い出してください。

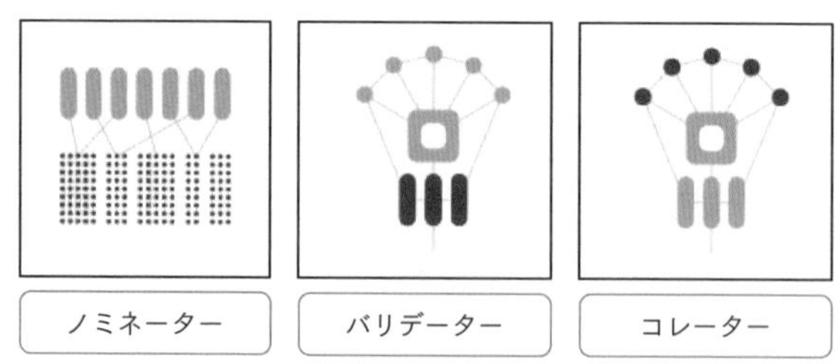

ポルカドットにおける3つの役割（再掲）

https://polkadot.network/technology/

各パラチェーンの中でブロックを生成するという実作業を担っているのが、**コレーター**です。

このコレーターの作業結果を検証して承認するのが**バリデーター**です。バリデーターはセキュリティの要です。もし不正確な判断を行えば、事前に預けていた仮想通貨が減額されるというペナルティを負っています。

ノミネーターは、どのバリデーターが適任であるかを、自分の仮想通貨を賭けて選出します。バリデーターが正確に仕事をすれば報酬の分け前を得られますが、バリデーターが問題を起こせば、自らの賭け金も没収されます。

このように作業をする人のインセンティブ設計、作業結果を検証する人のインセンティブ設計、仮想通貨を預けたいだけの人のインセンティブ設計という、細かなインセンティブ設計が積み重ねられているのです。

これは、ポルカドットだけではありません。IPFS、BAT、The Graphといったサービスも、DeFiの各サービスも、形態は全く違えど、インセンティブ設計を巧みに組み合わせて新しい組織形態を作っています。

このようにインセンティブ設計を積み重ねて全体で意思決定、合意形成を進めることを、狭義では「コンセンサス・アルゴリズム」と呼びますし、広義では「ガバナンス」と呼んでいます。

このような細かなルールを組み上げて全く新しい組織設計を可能としたのが、ブロックチェーン技術の進展でした。

ごく少額の決済から多額の決済までを、ほとんど手数料がかからない形で、確実に自動実行する仕組み。**この仕組みが歴史上初めて現実的になったことで、新たな組織をデザインできるようになった**のです。

おわりに

これだけ技術が進んだ現代社会に生きていると、もうほとんどの技術革新は終わってしまって、小規模な改善しかできないのではないかと感じることがあります。

しかし、実際には全くそんなことはないようです。技術はまだまだ爆発的に進化していくでしょうし、その進化に合わせて社会もまた大きく変化します。

Web3は、その大きな技術革新の1つです。新たなビジネスモデルを作り、新たな組織を形づくるという意味で、非常に大きなポテンシャルを持っていると感じています。

一方で、ブロックチェーンや暗号技術の概念は非常に難しく、Web3というものについてはまだまだ認知が足りていないですし、認知している人の中でも表層だけで理解をしている人が多い状況です。

表層だけでとらえると、「仮想通貨の値動きが激しく、怪しい投資のようだ」、「雨後のタケノコのようにサービスが乱立しているが、詐欺まがいのものもありそうだ」などと、色眼鏡で見られかねません。

本書では、Web3を構成するサービスの概要と、ブロックチェーンをはじめとするWeb3を支える技術の仕組みなどを順に解説してきました。

Web3とは、ブロックチェーン技術をベースとしたDApps（分散型アプリケーション）がその実体であり、その各サービスを支えるのは、インセンティブ設計を含めて緻密に計算された自動実行の仕組みでした。この仕組みは、多くの人の稼ぎ方を変え、ビジネスモデルを変え、組織の在り方を変える大きなポテンシャルを持っているのです。

読者の方々が、Web3の本質部分について少しでも理解を深めていただけたなら、筆者としては本望です。

白辺 陽

■索引

あ行

か 行

さ 行

た 行

な 行

は 行

ま行

や行

ら行

■本書のサポートページ

https://isbn2.sbcr.jp/18889/

- 本書をお読みいただいたご感想を上記URLからお寄せください。
- 本書に関するサポート情報やお問い合わせ受付フォームも掲載しておりますので、あわせてご利用ください。

■著者紹介

白辺 陽（しらべ よう）

新サービス探検家。
夏の雑草のように新サービスが登場するIT業界で仕事をしながら、将来性を感じるサービスについて調べてみたことを書籍としてまとめています。新サービスの多くはユニークな技術を使った新しいコンセプトを持っていて、まだ日本語での参考資料が少ないものも多いのですが、自分自身が納得いくまで理解した上で、例示・図解・比喩を多用して読者の方に分かりやすく伝えることを信条としています。未開拓の山に入り、藪をかき分けて道を作り、絶景が見られるポイントまでの地図をつくる。そんな仕事を続けていきたいと考えています。

図解と事例でわかる Web3
基礎から学ぶ「新しい経済」のしくみ

2023年3月31日　初版第1刷発行

著　者 ……………… 白辺 陽
発行者 ……………… 小川 淳
発行所 ……………… SBクリエイティブ株式会社
〒106-0032 東京都港区六本木2-4-5
https://www.sbcr.jp/
印　刷 ……………… 株式会社シナノ

カバーデザイン ……… waonica
制作 ……………… クニメディア株式会社

落丁本、乱丁本は小社営業部(03-5549-1201)にてお取り替えいたします。
定価はカバーに記載されております。

Printed in Japan　ISBN978-4-8156-1888-9